金属醇盐法高纯氧化铝制备工艺及性能

王 晶 著

北 京
冶金工业出版社
2015

内 容 提 要

全书共分6章。内容包括：高纯氧化铝粉体的概念、晶体结构、发展历史、制备方法与应用领域；铝醇盐水解制备高纯氧化铝的工艺方法，铝醇盐合成原理、物理化学性质及提纯方法；影响高纯氧化铝粉体性能的两个关键因素——异丙醇铝水解缩聚动力学及减压条件下异丙醇 – 水体系的相平衡；高纯氧化铝粉体产物的性能；水热处理对高纯氧化铝粉体性能的影响；晶种加入氟化物对产物性能的影响。

本书对从事高纯氧化铝粉体研究与应用的工程技术人员具有重要的参考价值。

图书在版编目(CIP)数据

金属醇盐法高纯氧化铝制备工艺及性能/王晶著. —北京：
冶金工业出版社，2015.11
ISBN 978-7-5024-6899-6

Ⅰ.①金…　Ⅱ.①王…　Ⅲ.①氧化铝—生产工艺
Ⅳ.①TF821

中国版本图书馆 CIP 数据核字(2015)第 123394 号

出 版 人　谭学余
地　　址　北京市东城区嵩祝院北巷 39 号　邮编　100009　电话　(010)64027926
网　　址　www.cnmip.com.cn　电子信箱　yjcbs@cnmip.com.cn
责任编辑　郭冬艳　美术编辑　吕欣童　版式设计　孙跃红
责任校对　卿文春　责任印制　李玉山
ISBN 978-7-5024-6899-6
冶金工业出版社出版发行；各地新华书店经销；三河市双峰印刷装订有限公司印刷
2015 年 11 月第 1 版，2015 年 11 月第 1 次印刷
169mm×239mm；10.25 印张；199 千字；155 页
39.00 元
冶金工业出版社　投稿电话　(010)64027932　投稿信箱　tougao@cnmip.com.cn
冶金工业出版社营销中心　电话　(010)64044283　传真　(010)64027893
冶金书店　地址　北京市东四西大街 46 号(100010)　电话　(010)65289081(兼传真)
冶金工业出版社天猫旗舰店　yjgycbs.tmall.com
(本书如有印装质量问题，本社营销中心负责退换)

前　言

高纯氧化铝是指纯度在 4N 以上的氧化铝粉体。由于其具有无比优越的物理、热学、光学和力学性能，目前成为制作集成电路陶瓷基片、绿色照明用三基色荧光粉、汽车传感器、磁带添加剂、催化剂载体涂层、半导体及液晶显示器、透明高压钠灯管、精密仪表及航空光学器件等的重要基础材料，也是 21 世纪新材料中产量大、产值高、用途广的尖端材料之一。随着高纯氧化铝应用领域的不断扩大，高纯氧化铝粉体的制备方法及性能改进方法的研究成为业界热点。

目前，制备高纯氧化铝的方法有很多种，如改良拜耳法、硫酸铝铵热分解法、碳酸铝铵热分解法、高纯铝直接水解法、金属醇盐水解法及胆碱法等，不同种制备方法都有其各自的优势。从高纯度方面看，金属醇盐水解法制备的高纯氧化铝，由于其制备的产品纯度是目前国内外公认的较理想纯度而受到更多关注，该方法目前也是国际主要高纯氧化铝制备厂家普遍采用的方法。国内采用金属醇盐水解法制备高纯氧化铝产业化的研究，最早是在大连交通大学本书作者所在课题组进行的，并在大连海蓝光电有限公司、扬州高能新材料有限公司实现了产业化。但是到目前为止也未见到一部系统介绍金属醇盐水解法制备高纯氧化铝工艺及其制品性能改进方面的专著。随着高纯氧化铝应用领域的不断扩展，该行业内迫切需要一部这方面的专著对该领域最新研究成果进行全面、系统的归纳总结，作者因而萌发了撰写一部能够反映该领域最新研究成果的学术专著的想法。在阅读了国内外学术期刊近三四十年来发表的与高纯氧化铝相关的文献资料基础上，作者通过对高纯氧化铝粉体产业化实践过程及二十年来的研究成果的整理、分析和思考，经过 2 年的努力完成了本书的写作，目的是能够给从事高纯氧化铝粉体研究与应用的工程技术人员提供有益的借鉴和启示。

本书系统地介绍了金属醇盐法制备高纯氧化铝粉体工艺、性能及其粉体改性研究。全书共分6章。第1章绪论部分，重点介绍高纯氧化铝粉体的概念、晶体结构、发展历史、制备方法与应用领域；第2章铝醇盐水解制备高纯氧化铝工艺方法，介绍了铝醇盐的合成原理、物理化学性质及提纯方法，结合作者多年从事高纯氧化铝产业化的研究经验，重点对铝醇盐水解法高纯氧化铝制备工艺中关键部分及设备选择进行了阐述；第3章对影响高纯氧化铝粉体性能的两个关键因素异丙醇铝水解缩聚动力学及减压条件下异丙醇－水体系相平衡进行了系统介绍；第4章系统研究了醇盐法制备高纯氧化铝粉体产物的性能；第5章系统研究了水热处理对高纯氧化铝粉体性能的影响；第6章系统研究了晶种加入和氟化物加入对产物性能的影响。希望本书的出版能够起到抛砖引玉的作用，通过本书，激发读者对高纯氧化铝研究和开发的兴趣，为推动我国高纯氧化铝产业化的发展尽一份绵薄之力。

本书的完成也得益于作者获得的两项国家自然科学基金项目"分层次三维纳米/微米氢氧化铝、氧化铝组装分化体系的建立及其微观机制研究"和"金属醇盐法制备5N级氧化铝水解工艺过程中的关键科学问题研究"，辽宁省教育厅重点实验室项目"透明陶瓷用高纯氧化铝粉体制备技术研究"，大连市计划项目"IC电路蓝宝石基板用超纯氧化铝粉体制备技术"的支持，在此一并表示感谢。

高纯氧化铝研究涉及学科知识范围较广，作者学识有限，书中不足之处，还望读者不吝指正，甚为感激。

王　晶

2015年9月于大连交通大学

目　录

1 绪 论

氧化铝是在地壳中含量仅次于氧化硅的一种氧化物，约占矿石含量的 15.3%。自然界中氧化铝以稳定态的 α-Al_2O_3 结构存在，属离子键化合物，具有较高的熔点（2150 ℃）、硬度和化学稳定性。氧化铝除具有 α-Al_2O_3 结构以外，还具有多种晶体结构，大部分是由水合氧化铝脱水转变为稳定结构的 α-Al_2O_3 时所生成的中间相，据文献报道，已有 α、β、γ、δ、ε、ζ、η、θ、κ、λ、ρ 及无定型氧化铝等 12 种，最为常见的有 α-Al_2O_3、β-Al_2O_3 和 γ-Al_2O_3 三种[1]。

超细氧化铝的概念是 20 世纪 60 年代提出的，主要是为了区别传统的拜耳法（1888 年发明）生产的"普通氧化铝"。二者的区别在于，普通氧化铝是由天然矿物——铝土矿，用拜耳法生产，纯度一般低于 99.9%（3N），主要用于冶金、耐火材料、化工、传统陶瓷等工业领域。而超细氧化铝粉体是由人工合成的，纯度在 99.9% ~99.999%（3~5N）之间，平均粒度在数十微米以下，用于人工晶体、人工宝石、精密电子元件、LED 衬底等高科技领域中[2, 3]。

高纯氧化铝是指纯度大于 99.99%，粒度均匀的超细粉体材料。由于其具有无比优越的物理、热学、光学、力学性能，是制作集成电路陶瓷基片、绿色照明用三基色荧光粉、汽车传感器、磁带添加剂、催化剂载体涂层、半导体及液晶显示器、透明高压钠灯管、精密仪表及航空光学器件等的重要基础材料，也是 21 世纪新材料中产量大、产值高、用途最广的尖端材料之一。近年来，高纯氧化铝在喷墨打印机用纸涂层、显示器材料、能源、汽车、半导体及计算机领域得到拓展应用，尤其是全球 LED 快速发展以及国家照明工程的实施，其需求量激增，产量迅速增长。因此研究和开发高纯氧化铝材料的制备工艺及其性能控制，具有重要的社会效益和经济价值[4,5]。

1.1 几种典型水合氧化铝及氧化铝的晶体结构

1.1.1 水合氧化铝晶体结构

水合氧化铝的化学组成为：$Al_2O_3 \cdot nH_2O$，可分为晶体和凝胶两大类。晶体类水合氧化铝可以按结构中水分子数的多少分为一水合氧化铝与三水合氧化铝[6]。其中三水合氧化铝有三种晶型 α-$Al_2O_3 \cdot 3H_2O$（三水铝石，Gibbsite）、β-$Al_2O_3 \cdot 3H_2O$（拜耳石，Bayerite）和新 β-$Al_2O_3 \cdot 3H_2O$（诺耳石，Nordshandite）；一水合氧化铝有两种晶型 γ-$Al_2O_3 \cdot H_2O$（薄水铝石，Boehmite）和 β-$Al_2O_3 \cdot H_2O$

（水铝石，或一水硬铝石，Diaspore）。凝胶类水合氧化铝结构中水分子数目不确定，可分为无定形胶（Amorphous）和胶型软铝石（也称拟薄水铝石，pseudoboehmite，简称PB）两种类型[7,8]。

1.1.1.1　三水合氧化铝

α-$Al_2O_3 \cdot 3H_2O$ 称为三水铝石，是以矿物收藏家 C. G. 吉布斯（Gibbs）的姓于 1822 年命名。属于单斜晶系，P121/n1 空间群。晶格常数为 $a = 0.864$nm，$b = 0.507$nm，$c = 0.972$nm，$\beta = 94.607°$，$Z = 8$。晶体结构与水镁石相似，属典型的层状结构。层内是由 OH^- 组成的 AB 型双层密堆积结构，双层结构沿 C 轴发生堆积（见图 1-1a）。层内的八面体空隙有 2/3 被 Al^{3+} 占据，并围绕未占据的八面体空隙排成六角环（见图 1-1b、c）。在邻近的双层间不存在铝离子。由于阴离子在这些接触处是迭生在一起而非简单的堆积，因此层间存在弱的解理[9,10]。

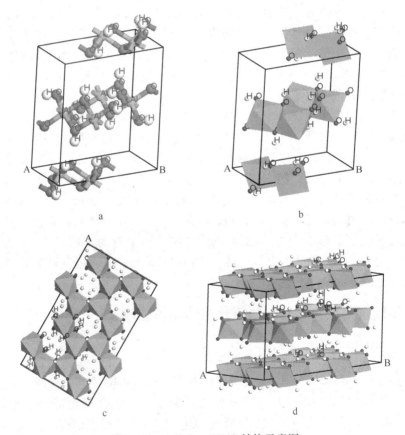

图 1-1　α-$Al_2O_3 \cdot 3H_2O$ 结构示意图

a—球棒结构晶胞；b—多面体结构晶胞；c—超胞沿 C 轴投影图；d—超胞沿 C 轴的侧视图

这种堆积方式由于在 A 轴方向发生轻微的畸变使得 Gibbsite 晶胞结构为单斜。这种开放结构，特别是六角环中心的空隙可以成为离子扩散通道。Gibbsite 晶体在有钾存在下会生长成伪六方棱柱，在有钠存在下螺旋生长为板层结构。

β- $Al_2O_3 \cdot 3H_2O$ 称为拜耳石，属单斜晶系，P121/a1 空间群。晶格常数为 $a = 0.506nm$，$b = 0.867nm$，$c = 0.471nm$，$\beta = 90.27°$。拜耳石一般只出现在从铝土矿溶出氢氧化铝的中间步骤中，通常被认为是中间产物[11]。它的结构示意图如图 1 - 2 所示。

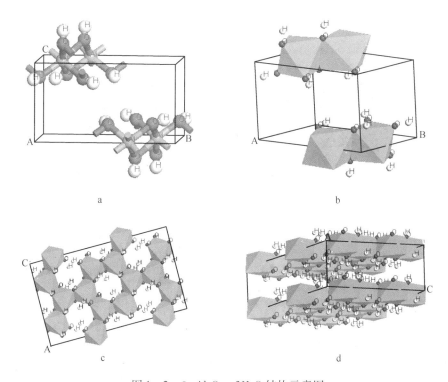

图 1 - 2　β- $Al_2O_3 \cdot 3H_2O$ 结构示意图

a—球棒结构晶胞；b—多面体结构晶胞；c—超胞沿 C 轴投影图；d—超胞沿 C 轴的侧视图

新 β- $Al_2O_3 \cdot 3H_2O$ 称为诺耳石，属三斜晶系，P - 1 空间群。晶格常数为 $a = 0.499nm$，$b = 0.5168nm$，$c = 0.498nm$，$\alpha = 97.44°$，$\beta = 118.69°$，$\gamma = 104.66°$[11]。诺耳石一般在铝土矿溶出氢氧化铝过程中是不会出现的，只有在铝盐用氨中和，析出沉淀，经长时间老化，才能出现[12]。它的结构示意图如图 1 - 3 所示。

三种三水铝石具有相同的层状结构及相似的尺寸，只是 C 轴尺寸有差异，该差异是由于单位晶胞中 Al (OH)$_3$ 的个数不同造成。

1.1.1.2　一水合氧化铝

γ- $Al_2O_3 \cdot H_2O$ 称为一水软铝石或薄水铝石，也称勃姆石，是 1927 年德拉帕

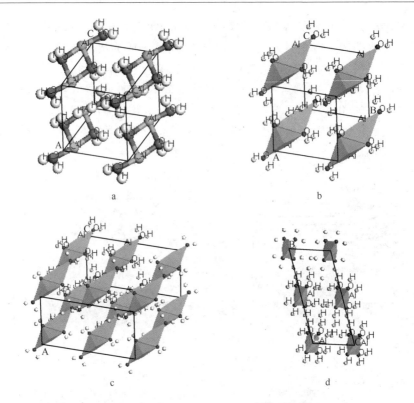

图1-3 新 β-Al₂O₃·3H₂O 结构示意图

a—球棒结构晶胞；b—多面体结构晶胞；c—超胞沿 C 轴的侧视图；d—超胞沿 A 轴投影图

兰特对普罗旺斯地区的莱博的铝土矿进行分析，证实该矿物中含 γ-AlOOH，并将 γ-AlOOH 形成的矿石命名为勃姆石。勃姆石属于斜方晶系，Cmcm 空间群，密排立方结构，具有类似纤锌矿的层状结构。$a = 0.2876$nm，$b = 1.224$nm，$c = 0.3709$nm；$Z = 4$。晶体结构沿（010）呈层状（见图 1-4a）。结构中［Al（O，OH）₆］八面体在 A 轴方向共棱联结成平行（010）的波状八面体层。阴离子 O^{2-} 位于八面体层内，OH^- 位于层的顶、底面。层间以氢氧-氢键相维系（见图 1-4b，c）。上述结构使其具片状、板状晶形及平行 {010} 的完全解理[13,14]。

β-Al₂O₃·H₂O 称为一水硬铝石，属斜方晶系，P121/a1 空间群，密排六方结构。$a = 0.441$nm，$b = 0.940$nm，$c = 0.284$nm；$Z = 4$。链状结构（平行 C 轴），其中 O^{2-} 和 OH^- 共同呈六方最紧密堆积，堆积层垂直 A 轴，Al^{3+} 充填其 1/2 的八面体空隙。［AlO₃（OH）₃］八面体以共棱的方式联结成平行 C 轴的八面体双链；双链间以共用八面体角顶（为 O^{2-} 占据）的方式相连。因而使该结构型的矿物呈柱状、针状或板状晶形，具平行 {010} 完全解理和平行 {100} 中等解理。加热

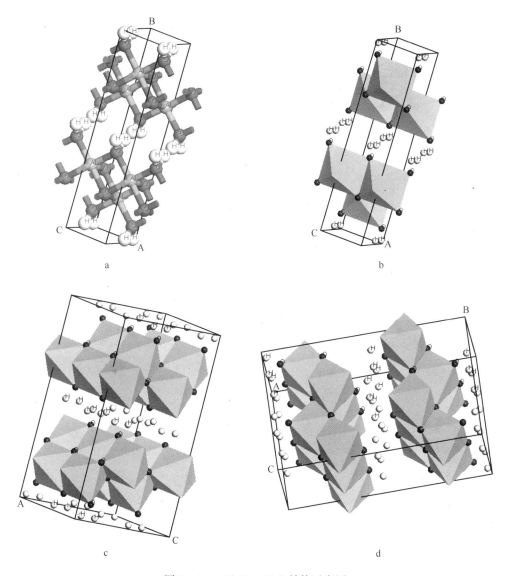

图 1-4　γ-Al_2O_3·H_2O 结构示意图

a—球棒结构晶胞；b—多面体结构晶胞；c—超胞沿 B 轴的侧视图；d—超胞沿 C 轴的侧视图

可失去全部的氢和 1/4 的氧，而剩余氧仍保持六方最紧密堆积，Al 居八面体空隙而形成刚玉（α-Al_2O_3）[13]。β-Al_2O_3·H_2O 结构示意图见图 1-5。

1.1.1.3　胶型软铝石（拟薄水铝石）

拟薄水铝石（pseudo-boehmite）是由 Calvet 等[15]最早提出，他们在低温下合成薄水铝石时，无意中得到了衍射峰加宽、含过量水及更高表面积的物质，把它定义为拟薄水铝石，它与薄水铝石 γ-Al_2O_3·H_2O 具有相同的 X 射线衍射峰，都

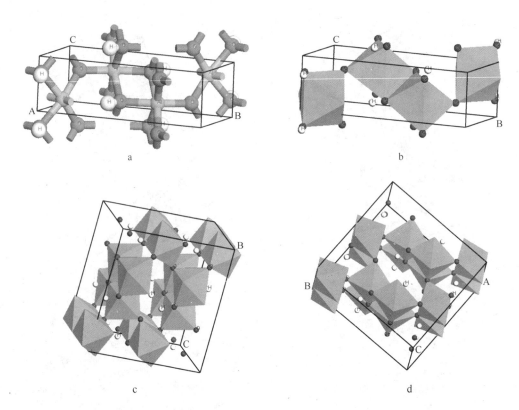

图 1 – 5　β-Al$_2$O$_3$·H$_2$O 结构示意图

a—球棒结构晶胞；b—多面体结构晶胞；c—超胞沿 B 轴的侧视图；d—超胞沿 C 轴的俯视图

有四个明显的主峰，峰的位置都在 $2\theta = 14°$，$28°$，$38°$，$48°$处叠合，所不同的是两者的衍射峰宽化程度及尖锐程度不同，所以拟薄水铝石又称为假一水软铝石、拟一水软铝石等。Lippens[16] 把拟薄水铝石称为胶状的薄水铝石，而把薄水铝石称为结晶性能良好的薄水铝石。拟薄水铝石的理化性质与薄水铝石很相似，两者具有基本相同的结构，均为层状结构，HO—Al—O 形成链结构，多个 HO—Al—O 链平行排列形成层状结构，在这种排列方式中，相邻两链之间逆向平行排列，第二链的氧原子和第一链的铝原子在同一水平面上，使铝原子成六配位结构，多链层状结构之间再以氢键结合形成拟薄水铝石微晶[17]。

1.1.2　氧化铝晶体结构

Al$_2$O$_3$具有多种变体。加热氧化铝水化物和铝酸盐可获得不同变体：α（三方）、β（六方）、γ（四方）、η（等轴）、ρ（晶系未定）、χ（六方）、κ（六方）、δ（四方）、θ（单斜)-Al$_2$O$_3$ 等变体。稳定的天然 α-Al$_2$O$_3$ 变体称为刚玉。

1.1.2.1　α-Al$_2$O$_3$（刚玉）

α-Al$_2$O$_3$，三方晶系，空间群 R$\overline{3}$CH。$a = 0.514$nm，$\alpha = 55°16'$，$Z = 2$；或 $a = 0.477$nm，$c = 1.304$nm；$Z = 6$。结构特点是 O^{2-} 离子近似地作六方最紧密堆积，Al^{3+} 离子填充在 6 个 O^{2-} 离子形成的八面体空隙中。由于 Al：O = 2：3。Al^{3+} 占据八面体空隙的 2/3，其余 1/3 的空隙均匀分布，这样 6 层构成一个完整周期，多周期堆积起来形成刚玉结构。结构中 2 个 Al^{3+} 填充在 3 个八面体空隙时，在空间的分布有三种不同的方式。刚玉结构中正负离子配位数分别为 6 和 4[18]。刚玉的结构示意图如图 1-6 所示。

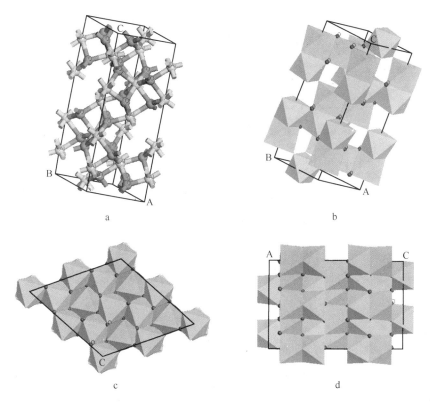

图 1-6　刚玉结构示意图

a—球棒结构晶胞；b—多面体结构晶胞；c—超胞沿 C 轴投影图；d—超胞沿 B 轴投影图

1.1.2.2　β-Al$_2$O$_3$

β-Al$_2$O$_3$是一个非化学计量的化合物，它包含了比理想的化学式多 29% 的 Na$_2$O，是具有组成为 1.2Na$_2$O·11Al$_2$O$_3$的化合物，或者化学式近似于 Na$_2$O·9Al$_2$O$_3$，一般来说 Na$_2$O 与 Al$_2$O$_3$的比介于 9 至 11 间。β-Al$_2$O$_3$属六方晶系，理想结构空间群为 P6$_3$/mmc，这个六方层状的晶体结构，每单位晶胞内含有两个分子

（NaAl$_{11}$O$_{17}$），晶胞参数 $a=0.559$nm，$c=2.253$nm，其晶体结构的特点是钠离子仅处于含等量钠离子和氧离子的疏松平面中（Na—O 层），这个平面垂直于 C 轴，两个 Na—O 层面相距 1.123nm，夹在 Na—O 层平面之间是垂直于 C 轴的四层氧原子，它们按立方最密堆积方式（ABCA）排列；适量的铝离子占据其中的八面体位置和四面体位置。由这样四个密堆积氧层和铝离子构成的密堆积基块，通常称作"尖晶石基块"。这是因为铝原子占据的位置相当于铝镁尖晶石 MgAl$_2$O$_4$晶格内的铝、镁原子的位置（同时又假定忽略铝镁尖晶石中 Mg 和 Al 的差别）。1∶11 β-氧化铝的单位晶胞内包含两个这种尖晶石基块，故又称为两基块 β-Al$_2$O$_3$ 或简称 β-Al$_2$O$_3$。基块在 Na—O 层上下互为镜面反映，相距 0.476nm。在 Na—O 层的上下方，各有相对的铝原子构成铝氧键 Al—O—Al，它在 Na—O 层与铝氧基块之间起着连接的作用，铝氧基块不仅借钠离子结合，而且也借 Al—O—Al 键结合在一起[19]，其结构示意图如图 1－7 所示。

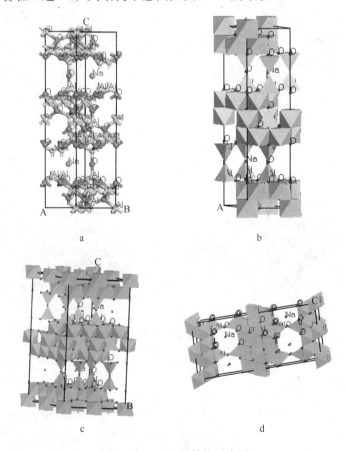

a

b

c

d

图 1－7　β-Al$_2$O$_3$结构示意图

a—球棒结构晶胞；b—多面体结构晶胞；c—超胞沿 C 轴的侧视图；d—超胞沿 C 轴的俯视图

1.1.2.3　γ-Al₂O₃

γ-Al₂O₃，是氧化铝的低温亚稳形态，属有缺陷型尖晶石型结构，立方晶系，空间群 Fd3mZ，晶胞分子数为 8。结构中 O^{2-} 按面心立方密堆积方式排列，Al^{3-} 分布在尖晶石结构中 8 个 A^{2+} 和 16 个 B^{3+} 所占有的位置上，但有 1/9 的位置空着，因此在 γ-Al₂O₃ 的晶胞中只有 $21\frac{1}{3}$ 个 Al^{3+} 和 32 个 O^{2-}。晶格常数 $a = 0.773 \sim 0.806nm$，密度 $3.42 \sim 3.90g/cm^3$。γ-Al₂O₃ 晶体尺寸很小，约零点几微米，以致在显微镜下都无法观察清楚，但是通常许多个粒子聚集在一起，会形成多孔的球形聚集体，这种聚集体内部有 25% ~ 30% 的气孔，从而比表面积很大，活性很高，吸附性很强[20]。γ-Al₂O₃ 结构示意图见图 1 - 8。

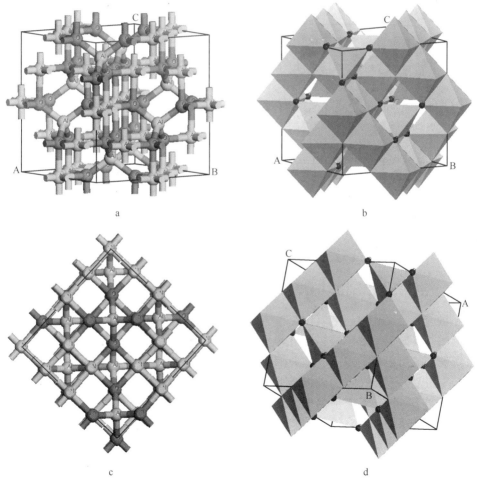

图 1 - 8　γ-Al₂O₃ 结构示意图

a—球棒结构晶胞；b—多面体结构晶胞；c—晶胞沿 C 轴的俯视图；d—晶胞沿 B 轴的侧视图

1.1.2.4　θ-Al$_2$O$_3$

θ-Al$_2$O$_3$属单斜晶系，C12/m1 空间群，晶胞参数 $a = 11.795$nm，$b = 2.91$nm，$c = 5.621$nm，$\alpha = \gamma = 90°$，$\beta = 103.79°$。其结构示意图如图 1-9 所示。

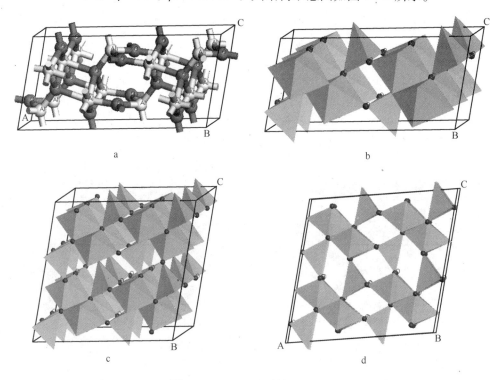

图 1-9　θ-Al$_2$O$_3$的结构示意图

a—球棒结构晶胞；b—多面体结构晶胞；c—超胞沿 C 轴侧视图；d—超胞沿 C 轴俯视图

1.2　高纯氧化铝制备方法的发展历史

目前，常用高纯超细氧化铝粉体的生产方法有：改良的 Bayer 法、硫酸铝铵热解法、碳酸铝铵热解法、有机醇盐水解法、胆碱法等。从人工合成氧化铝粉体技术发展的历史看，每一步进展都与应用领域的技术革新有着直接的关系，尤其是与人工晶体制备技术的进步结下了不解之缘。

1888 年 Bayer 发明了由天然铝土矿通过冶金方法制备"普通氧化铝"的方法；三年后法国人 Venruil 便发明了火焰法人工合成红宝石的技术；20 世纪五六十年代人们对传统的 Bayer 法进行了改进——"改良的 Bayer 法"，使氧化铝纯度提高到 3N 以上；1959 年美国 Bell 实验室培育的激光振荡器用 YAG61 晶体获得成功[21]，1965 年被美国 UnoinCabrdei 公司采用实现了工业化生产[22]；在此之后，硫酸铝铵热解法、碳酸铝铵热解法、氯乙醇法、有机醇盐水解法等新的人工合成方法相继出现并迅速发展起来，使得氧化铝粉体的性能得到了进一步的提高。

此外，应用领域的技术发展和要求，也对氧化铝粉体制备技术的发展起到了积极的促进作用，如1957年，美国G. E公司的陶瓷学家R. L. Coble研制出一种不仅具有良好的透光性，而且在力学、热学、电学诸多方面具有优越性能的透明氧化铝陶瓷，命名为"Lucalox"，并于1966年实现透明氧化铝钠灯管的工业化生产[23]；20世纪70年代后，LCD衬底、彩管电子枪、人工蓝宝石牙根等高新技术相继开发成功并获得了广泛的应用；20世纪90年代白光LED二极管和Li离子电池的广泛使用对氧化铝粉体制备技术的发展起到了积极的推动作用，同时对其性能和需求量也提出了越来越高的要求。

我国自20世纪60年代开始研制高纯超细氧化铝粉体，采用硫酸铝铵法大批量生产，取得了可喜的进展，经多年来的不断探索，粉体纯度已达99.99%（4N）的水平。高纯超细氧化铝粉体的制备技术的发展与推广，也推动了我国应用领域技术的进步。我国从20世纪60年代开始研制人工红宝石、蓝宝石、YAG晶体，三十多年来，红宝石、蓝宝石、YAG晶体、高压钠灯管、LCD电路等领域取得了突破性的进展，在某些方面达到了国际先进水平。

20世纪80年代以来，军事、航空航天、电子计算机等技术领域的发展更为迅速，对原材料性能的要求更高。到了80年代末期，纯度为3～4N的氧化铝粉体已经难以满足要求，研制更高纯度（5N或以上）的氧化铝粉体成为当时粉体制备领域内严峻的课题。在此期间，我国人工晶体的研制技术水平已经取得突破性进展，出现了国内找不到原材料的被动局面，只好从国外进口，不仅价格昂贵，且受制于人。需要指出的是，自1888年人类首次有Bayer法实现氧化铝粉末的工业化生产一百多年来，粉体制备技术水平始终落后于应用领域的技术发展水平。Bayer法的思想一直难以摆脱，国内外的高纯氧化铝粉体产品的化学成分分析报告中，钠元素的含量一般较高，约在10^{-5}以上，说明这些生产方法仍受Bayer法思想的影响（该方法生产过程中使用大量的氢氧化钠，故又称"碱法"，本身不可能使钠含量降低）。在某些应用领域，如激光晶体、人工宝石以及精密电子元件，某些杂质元素如钠、钾等元素的危害是极大的，是应该绝对加以避免的。因此可以降低钠等有害元素含量的硫酸铝铵法在20世纪70年代，在高纯氧化铝粉体制备方法中占据着主导地位。硫酸铝铵法在生产过程中，会放出大量的二氧化硫气体，可造成严重的环境污染，发达国家已经制定严格的法律，严禁在没有环保处理设备及技术的生产厂家采用硫酸铝铵法生产氧化铝粉体。而我国当时主要由某些乡镇企业冒着严重的环境污染的危险进行生产（这种情况非常普遍）。即便如此，该法制得的氧化铝粉体的纯度还是难以突破4.5N的极限。针对这种情况，80年代末期以来，国内外都在积极探索能够替代改良的Bayer法和硫酸铝铵法的高纯氧化铝粉体的制备方法。经过多年的努力，现已研究开发成功了"活性高纯铝水解法"、"高纯铝箔胆碱水解法"、"碳酸铝铵法"以及"有机醇盐水解法"等新的高纯氧化铝粉体制备技术。在这些方法中，除醇盐水解法外，其他各种方法制得的氧化铝粉体纯度仍然难以超过 4.5N 的水平。而有机醇盐水解法制得的氧化铝粉体的纯度则可以达到 5N 甚至更高的水平[2]。

1.3　高纯氧化铝制备方法

制备高纯氧化铝方法有改良的拜耳法、硫酸铝铵热解法、碳酸铝铵热解法、金属醇盐水解法、活性高纯铝水解法和胆碱法等。

1.3.1　改良拜耳法

改良拜耳法是将铝酸钠溶液通过深度脱硅、除铁等净化工序得到高纯铝酸钠溶液，通过控制铝酸钠溶液的分解条件，使结晶过程中氢氧化铝在种子上析出的速度极为缓慢，抑制异常晶核的形成，减少氢氧化铝中 Na、Si 等杂质的夹杂，得到高纯氢氧化铝，再经煅烧、研磨等工序制得高纯氧化铝[24]。

改良拜耳法中净化铝酸钠溶液是影响产品最终杂质含量的关键步骤。唐海红等[25]采用钡盐作为净化剂除去溶液中 Si、Fe、P、Ti、V 和有机物等杂质。但是，溶液中的残余钡离子即使使用碳酸钠脱除，含量依然较高，在分解过程中伴随氢氧化铝析出，造成氢氧化铝中钡含量偏高。

改良拜耳法最关键的工序是钠离子的脱除，在氢氧化铝水热转相过程中添加脱钠剂或者在焙烧过程中加入矿化剂都是有效的脱钠方法。水热转相过程所用的脱钠剂一般具有酸性，杂质离子如铁离子容易进入一水软铝石，因此该工序对设备要求较高，需要耐酸设备；而在焙烧过程中加入矿化剂，释放的氟化物，会造成环境污染。因此，寻求经济有效的杂质脱除方法是改良拜耳法发展的技术关键。

该方法优点是原料来源广、成本低、过程无污染。缺点是生产工艺相对较复杂、生产效率较低、产品烧结密度低、烧结温度较高，在工业应用上受到限制[5]。

1.3.2　硫酸铝铵热解法

硫酸铝铵热解法是国内外生产高纯氧化铝的主要方法。该方法采用硫酸铝和硫酸铵为原料，通过严格控制物料配比、pH 值和反应温度等反应条件，进行合成、结晶，得到硫酸铝铵晶体，母液可循环使用；硫酸铝铵晶体经过多次重结晶，除去 K、Na、Ca、Si、Fe 等杂质后，得到精制硫酸铝铵晶体，再经过热分解（1200℃）转化成 $\alpha\text{-}Al_2O_3$。该工艺主要化学方程式为[26]：

$$2Al(OH)_3 + 3H_2SO_4 \longrightarrow Al_2(SO_4)_3 + 6H_2O$$

$$Al_2(SO_4)_3 + (NH_4)_2SO_4 + 24H_2O \longrightarrow 2NH_4Al(SO_4)_2 \cdot 12H_2O$$

$$2NH_4Al(SO_4)_2 \cdot 12H_2O \longrightarrow Al_2O_3 + 2NH_3\uparrow + 4SO_3\uparrow + 25H_2O\uparrow$$

硫酸铝铵在受热过程中溶解在自带结晶水中，随着水分的蒸发直至达到饱和浓度，开始结晶析出。结晶过程蒸发的气泡容易嵌入晶体中，导致固体呈多孔状、松装密度小、产量小，造成单位产量成本较高。为了解决热溶解造成松装密度小的问题，研究者提出了很多解决方法[27~29]，其中最有效的方法是先在低温真空下脱去硫酸铝铵的水分，保持晶型完整，进而将脱水硫酸铝铵放入内置渗透性夹层的热分解炉内，将夹层固定在热分解炉下部，热气流穿过夹层留下热解固体，分解尾气可以通过吸收塔吸收[30]。通过该方法制备的氧化铝松装密度大、活性好。

该方法优点是：

（1）原料廉价且母液可以循环使用，技术成熟，易于工业生产。

（2）操作简单稳定，产品纯度高。

（3）产品团聚少，在制备陶瓷加压成型时密度较低，初期烧结缓慢，易得到均匀的烧结组织。

该方法缺点是：

（1）分解过程产生大量的 NH_3 和 SO_3 气体，容易造成环境污染。虽然通过尾气处理可达到环保要求，但易造成生产成本增加。

（2）通过重结晶可以除去 Na、Mg、Ca 等金属杂质离子，但 K、Ca、卤素等杂质比较难于除去，分离困难，而且过程复杂、周期长。

（3）分解过程易出现热溶解现象，体积膨胀严重，造成产品松装密度小。

硫酸铝铵法制备的高纯氧化铝历来是制备蓝宝石的原料，如果控制好环境污染和产品杂质含量，其市场竞争力依然很强[5,31]。

1.3.3 碳酸铝铵热解法

碳酸铝铵（AACH）热解法是硫酸铝铵热解法的改进。该法避免了硫酸铝铵直接热分解产生的 SO_2 气体污染环境的问题，同时，采用液相法合成 AACH 可有效控制产物的粒形及粒度分布等。此外由于 AACH 在高温热解时产生 NH_3、H_2O、CO_2 等气体，能有效抑制粒子间的团聚以及控制产物的细度和粒径分布，因此更适合于制备纳米级 α-Al_2O_3 粉末[32~35]。

将精制硫酸铝铵与碳酸氢铵反应制得铵片钠铝石，再经老化、沉降、过滤、烘干、研磨、高温分解制得高纯氧化铝[5]。其化学反应方程式为：

$$4NH_4HCO_3 + NH_4Al(SO_4)_2 \longrightarrow NH_4AlO(OH)HCO_3 + 2(NH_4)_2SO_4 + 3CO_2 + H_2O$$

$$NH_4AlO(OH)HCO_3 \longrightarrow 无定型\ Al_2O_3 \longrightarrow \gamma\text{-}Al_2O_3 \longrightarrow \alpha\text{-}Al_2O_3$$

该工艺的关键在于控制合成碳酸铝铵的条件。最佳条件为碳酸氢铵和硫酸铝铵的物质的量比为 10~15，反应温度为 35℃。反应条件控制不当易混入杂质，产生二次粒子，而且还会影响产品及其烧成制品的性能和质量。

该方法的优点是：

（1）可避免硫酸铝铵生产工艺的缺点；

（2）粒度均匀，粒径细且分布均匀；

（3）废气容易回收，烧结体密度高。采用该方法，虽然克服了废气的污染，但加重了废液，如 $(NH_4)_2SO_4$ 的污染，而且生产周期较长，过程控制要求严格。

1.3.4 活性高纯铝水解法

活性高纯铝水解法基于简单的 $Al - H_2O$ 体系，以急冷雾化单质铝与水反应直接制备得到氢氧化铝前驱体，前驱体再经煅烧转相和粉碎分级处理便可得到性能符合要求的高纯超细氧化铝粉体[36]。其化学反应式为：

$$2Al + 6H_2O \longrightarrow 2Al(OH)_3 + 3H_2 \uparrow$$

$$2Al(OH)_3 \longrightarrow Al_2O_3 + 3H_2O$$

郑福前等[37]采用自制急冷雾化装置（冷却速率为 $10^5 \sim 10^7 K/s$）将熔融过热 200~300℃ 的铝液进行喷射，制得平均粒径为 5~10μm 的微细铝粉和水的混合物。铝粉的工艺控制要求严格，以确保铝粉的高活性。高活性的铝粉与水的反应非常激烈，属放热反应。在反应过程中铝粉不断分裂、细化，得到极细的白色粉末，经 X 射线衍射分析产物为 $Al(OH)_3$ 和 $AlOOH$。所得产物经干燥、分散及 1250℃ 煅烧可得到性能稳定的高纯超细氧化铝。

该工艺优点是过程简单、成本低，但工艺控制要求严格。该生产过程不具备提纯性，产品纯度只能与高纯铝相近或有不同程度的下降。

1.3.5 高纯铝箔胆碱水解法

高纯铝箔胆碱水解法是采用高纯胆碱 $[(CH_3)_3N(CH_2CH_2OH)]OH$ 与高纯铝箔反应生成胆碱化铝，胆碱化铝水解生成氢氧化铝和胆碱，氢氧化铝经过滤洗涤、喷雾干燥、煅烧转相可得到高纯氧化铝，胆碱可循环使用[38~40]。该过程的化学反应式为：

$$2Al + 6H_2O + 2R^+OH^- \longrightarrow 2R^+[Al(OH)_4^-] + 3H_2 \uparrow$$

$$R^+[Al(OH)_4^-] \longrightarrow Al(OH)_3 \downarrow + R^+OH^-$$

式中，R^+OH^- 为胆碱 $[(CH_3)_3N(CH_2CH_2OH)]OH$。

该工艺的优点是：

（1）产品粒度依据工艺条件可控；

（2）胆碱反应条件温和，对环境无污染；

（3）胆碱可循环使用，成本较低。

1.3.6　有机醇铝盐水解法

有机醇铝盐水解法是将铝和醇在催化剂的作用下进行化学反应生成醇铝盐，铝醇盐通过重结晶、减压蒸馏等提纯技术提纯后成为高纯醇铝盐，高纯醇铝盐经水解生成水合氧化铝，再经煅烧成为高纯氧化铝[41~43]。相应的化学反应式为：

$$2Al + 6ROH \longrightarrow 2Al(OR)_3 + 3H_2 \uparrow$$

$$2Al(OR)_3 + 4H_2O \longrightarrow Al_2O_3 \cdot H_2O \downarrow + 6ROH$$

$$Al_2O_3 \cdot H_2O \longrightarrow Al_2O_3 + H_2O \uparrow$$

该工艺的关键是要控制好水解及焙烧工艺条件。严格控制水解、干燥及焙烧工艺条件，以免出现团聚现象，可制备超细 α-Al_2O_3 粒子。利用现有设备如球磨、振动磨、气流磨、介质搅拌磨可以消除团聚现象，有利于制备粒度分布窄的高纯氧化铝粉体。

该方法的优点是：

（1）生产过程无环境污染，因为所用原料是铝、醇和水，副产物是氢气和水，产品是氧化铝；

（2）该生产过程具备提纯性，而且醇和其他溶剂可循环使用。

该方法的缺点是过程控制要求严格，成本较高。目前该方法是单晶蓝宝石用高纯氧化铝生产的主流方法。

1.3.7　氯化汞活化水解法[44]

该方法是将铝片或铝屑放入 0.5% 的氯化汞水溶液中活化一分钟后取出，再放入 0.1% 的硫酸铝水溶液中水解，倒出溶胶在高温下干燥，最后再把凝胶置于更高的温度下热处理以便获得相应的相态。

原理如下式所示：

$$2Al + 3HgCl_2 \longrightarrow 3Hg + 2AlCl_3$$

$$2Al + Hg \longrightarrow Al_2Hg$$

$$Al_2Hg + 6H_2O \longrightarrow 2Al(OH)_3 + 3H_2 + Hg$$

该方法的关键是铝的水解活性的取得。首先，原料铝必须为高纯料。其次，加工成铝片或铝屑的过程中必须保证铝表面不被钝化，而且铝片不能太厚，防止在非晶界处生成的氢氧化铝把活化区覆盖，使水解反应遭到抑制，增加成本。再次，在整个过程中，水解条件的控制非常关键，控制不好，会使最后产物中留有未参与水解反应的单质铝，使产品无法进行后续处理。另外，由于使用氯化汞而隐入汞离子，给后续产业带来潜在的环境污染的隐患。氢气的排放也很关键，必须考虑安全因素。

1.4 高纯氧化铝应用领域[5,44~50]

1.4.1 单晶蓝宝石

单晶蓝宝石广泛应用于光学窗口和整流罩以及卫星空间技术、高强度激光的窗口材料、光纤传感器等。其具有独特的晶格结构、优异的力学性能、良好的热学性能使蓝宝石晶体成为实际应用的半导体 GaN/Al$_2$O$_3$ 发光二极管（LED）、大规模集成电路 SOI 和 SOS 及超导纳米结构薄膜等最为理想的衬底材料。

目前单晶蓝宝石已广泛普及应用到高亮度 LED 基板和液晶电视用偏光镜固定板等领域。特别是高亮度 LED 中的白色 LED，不仅在目前广泛被应用在手机 LCD 背光领域，也将广泛用于下一代节能照明光源、广告灯、显示灯、汽车前灯、一般家庭用照明等。LED 中 GaN 系 3~5 族化合物半导体需要在成长基板上结晶成长，而这个成长基板需要采用蓝宝石。这是因为蓝宝石拥有与 GaN 比较接近的晶格常数，并且能承受 GaN 成长时的高温过程等优点。

作为蓝宝石原料的高纯氧化铝不仅具有高纯度，而且含水量非常低。在超过 2000℃ 高温熔化时，水的存在可氧化钼坩埚。此外，高纯 α-Al$_2$O$_3$ 不会互相黏结造成容器堵塞。随着单晶技术的不断改善，对高纯氧化铝的体积密度有了更高的要求，高体积密度不但可以改善颗粒密度还可以提高产量。

1.4.2 汽车传感器

空燃比传感器是用来检查发动机燃烧过程空气与燃料比的仪器。空燃比传感器由部分稳定的氧化锆和氧化铝基质及加热器组成，氧化铝覆盖于氧化锆传感元件表面的铂膜上，防止废气中的杂质腐蚀铂膜。通过必要的烧结使氧化锆和氧化铝基质两种不同的材料结合成一个整体，两种材料烧结收缩比和热膨胀系数必须相同。此外，在实际应用过程中，由于热膨胀系数的迥异导致两种材料接触界面发生破裂现象，因此，氧化锆元件和氧化铝基质必须具有高密度和细晶粒度，尽量缩小两种材料热膨胀系数的差异。为了满足这种要求，改善氧化铝的低温烧结性能就显得非常必要。

1.4.3 半导体材料

α-Al$_2$O$_3$ 具有较强的耐腐蚀性、电绝缘性、化学耐久性和耐热性，抗辐射能力强，介电常数高，表面平整均匀，可用于制造半导体和大规模集成电路的衬底材料及液晶显示器材料。控制氧化铝烧结体中气泡残留量和杂质含量，可获得无气孔、高抗弯曲度和抗腐蚀性的透明氧化铝陶瓷。高纯超细 Al$_2$O$_3$ 粉体具有非常大的表面积及界面，对外界环境湿气十分敏感，环境温度的变化迅速引起表面或界面离子价态和电子输送的变化。在湿度为 30% ~ 80% 范围内，高纯超细 Al_2O_3 交流阻抗呈线性变化，响应速度快、可靠性高、灵敏度高、抗老化寿命长、抗其他气体的侵蚀和污染、在尘埃烟雾环境中能保持检测精度，是理想的湿敏传感器和湿电温度计材料。

1.4.4 增强剂

高纯纳米氧化铝作为补强填充剂可用于橡胶行业，能够改善橡胶导热性、耐热性及各项力学性能。通过优化粒径及分布状态可提高橡胶弹性体材料的导热性和各项物理性能，能够显著增强橡胶的拉伸强度、耐热性、抗老化性和耐磨性。

高纯纳米氧化铝也可以作为数据存储磁带材料的添加剂。这样的磁带一般用涂布法来制作，是在 PET 以及 PEN 胶卷上涂覆磁性粉涂料制成的。与蒸镀型胶带不同的是，其不在真空条件下操作，适合大规模生产，磁性体被高分子保护，具有保存稳定性好等优点。磁带如图 1-10 所示，磁性层和磁头高速运动会发生严重的摩擦，为了提高磁性层的耐磨性、清理塞满磁头的 Fe、C 的附着物，在磁性层中添加 $\alpha\text{-}Al_2O_3$。随着对磁带要求的提高，高容量、高密度化，磁性层的薄膜化（100nm 以下）、磁性体的微细化（纳米粒子化）、磁性层的均一化、平滑化，在磁性层添加的 $\alpha\text{-}Al_2O_3$ 粒子也需要是纳米粒子化。

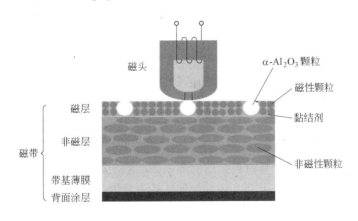

图 1-10 磁记录系统

1.4.5 锂电池

利用高纯纳米氧化铝的绝缘、隔热、耐高温特性，可用于电池负极的涂层。随着锂离子充电电池容量的不断提高，其内部蓄积能量越来越大，内部温度会提高，若温度过高会使负极隔膜被融化而造成短路。在隔膜上涂一层纳米氧化铝涂层，可避免电极之间短路，提高锂电池使用的安全性。对钴酸锂、锰酸锂、钛酸锂和磷酸铁锂等材料进行表面包覆，纳米厚度的 α-Al_2O_3 包覆层即可大幅度减小界面阻抗，额外提供电子传输隧道，有效阻止电解液对电极的侵蚀，此外还能容纳粒子在 Li^+ 脱嵌过程中的体积变化，防止电极结构的损坏。

1.4.6　稀土荧光粉

国内绝大多数灯用稀土荧光粉属稀土铝酸盐体系，荧光级高纯氧化铝是稀土铝酸盐系荧光粉中蓝粉、绿粉的主要原料，占配方的 80% 以上。氧化铝的纯度、粒度及粒度分布对荧光粉的质量有直接的影响。

在稀土荧光粉中蓝色荧光粉 $BaMgAl_{10}O_{17}$：Eu^{2+}（BAM）为最不安定的荧光粉，在等离子显示板使用过程中，当在真空紫外照射过程中，会产生发光强度的下降和色纯度转移的问题。BAM 等铝酸盐荧光粉的制造一般采用固相反应法，即将高纯度氧化铝、Ba、Mg、Eu 原料以及能提高这些原料反应活性的氟化物助熔剂进行混合焙烧，获得方形板状粉体，且粉体粒度分布比较宽。通过将球状的、颗粒尺寸一致的氧化铝粉末作为原料，不使用促进剂，可以合成维持原料氧化铝粉末的形状和大小的铝酸盐荧光粉。这样得到的球状荧光粉色度跟以前的产品一样，亮度比以前的产品提高了 5%，并且防止了因加热导致的亮度下降。

如上所述，铝酸盐荧光粉作为下一代显示材料，其需求预计会持续扩大。其中高纯度氧化铝作为能够左右荧光体特征的材料之一，将处于非常重要的地位。

1.4.7　表面防护层材料

由高纯超细 Al_2O_3 粒子组成的新型极薄的透明材料，喷涂在金属、陶瓷、塑料及硬质合金的表面上，可提高表面的硬度、耐腐蚀性和耐磨性，并且具有防污、防尘、防水等功能，可以解决现代工业生产中易磨损部件、易腐蚀管道而间接影响设备使用寿命和加工产品精度等问题。因此可应用于机械、刀具、化工管道等的表面防护。其中超细 Al_2O_3 陶瓷涂层刀具结合了陶瓷材料和硬质合金材料的优点，在拥有与硬质合金材料相近的强韧性能的同时，耐磨性大大提高，能达到未涂层刀具的几倍到几十倍，并且使加工效率显著提高。

1.4.8　催化剂及其载体

高纯超细 Al_2O_3 粉体因其表面积大、孔容大、孔分布集中和高反应活性中心多，可以解决催化剂的高选择性和高反应活性，因此被广泛地应用于汽车尾气净化、催化燃烧、石油炼制、加氢脱硫和高分子合成方面的催化剂及其载体。但是由于催化剂领域的特殊性，不同制备方法得到的超细 Al_2O_3 粉体及其晶型有所不同，导致在催化反应中的使用不同，这为超细 Al_2O_3 粉体用于催化剂领域提出了新课题。

1.4.9 生物及医学的应用

高纯超细粉体在生物和医学上的应用研究是近几年才开始的，这一应用领域的开创，为生命科学研究提供了更多的空间。超细 Al_2O_3 粉体在生物陶瓷中，在生理环境下基本上不发生腐蚀，具有良好的结构相容性，新生组织长入多孔陶瓷表面连贯的孔隙中，与机体组织之间的结合强度较高，并具有强度高、摩擦系数小、磨损率低等特性。因此临床上应用比较广泛，已用于制作承力的人工骨、关节修复体、牙根种植体、骨折夹板与内固定器件、缓释载体等；还成功地用于牙槽扩建、五官矫形与修复等。

高纯氧化铝是重要的无机材料原料，随着其应用领域和范围的不断扩大，对产品质量的要求日益严格。近年来，中国高纯度氧化铝粉体在微量杂质元素的控制方面实现了突破，但还存在粉体批次稳定性相对较差和粉体粒度分布宽及团聚等问题，因此，如何提高中国高纯氧化铝产品质量及装备水平并占领高端市场是面临的主要问题，而提高产品质量的关键是在确保纯度的前提下如何控制粒度大小获得粒度分布均匀的产品。因此，应对现有工艺进行改良和升级，提高产品质量；其次，应开发"绿色"环境友好新工艺且生产成本低，易于产业化的技术，加大研发力度，逐渐缩小与国外高纯氧化铝制备技术的差距，综合提高中国高纯氧化铝的技术水平，加速高纯氧化铝在显示材料、能源、汽车、半导体和计算机等技术领域的应用。

参 考 文 献

［1］孔令斌. 氧化铝及其水合物的结晶结构表征 ［J］. 石化技术与应用，2000，18（5）：305～307.

［2］王修慧，高宏，张文福，等. 氧化铝粉体制备技术的进展与应用 ［J］. 大连铁道学院学报，1998，19（3）：60～66.

［3］张野. 高纯氧化铝粉体的制备及烧结的研究 ［D］. 大连：大连交通大学，2012.

［4］朱永璋，蒋明学，冯秀梅，等. 火花放电法制备高纯氧化铝粉末 ［J］. 有色金属，2011，63（2）：110～113.

［5］韩东战，尹中林，王建立. 高纯氧化铝制备技术及应用研究进展 ［J］. 无机盐工业，2012，49（2）：1～4.

［6］冯昭仁. 催化领域中的氧化铝 ［J］. 石油化工，2003（4）：279～291.

［7］Kirk, Othmer. Effect of crystallite size of boehmite on sinterability of alumina ceramics ［J］. Encyclopedia of Chemical Technology，1963，2：41～57.

［8］Wadeetc K. Extrusion characteristics of alumina – aluminium titanate composite using boehmite as a reactive binder ［J］. Comprehensive Inorganic Chemistry，1973，1：99.

［9］http：//www. crystalstar. org/Photo/ShowPhoto. asp？PhotoID = 100.

［10］http：// baike. baidu. com/link？url = SVGLyp3D1x1tGvKzzIzLdOTCHiNW0JfJgE – ROPTnfkcv0522BvLwNeRUzSF_ 2RlR.

[11] 吴争平，陈启元，尹洲澜，等. 不同晶型氢氧化铝的反应活性与微观键力分析 [J]. 中国有色金属学报，2008，18 special 1：s251～258.

[12] 杨重愚. 氧化铝生产工艺学 [M]. 北京：冶金工业出版社，1992.

[13] 陈志友，李旺兴，陈湘清，等. 铝土矿中铝硅矿物晶体结构的综述 [J]. 轻金属，2008 (12)：6～9.

[14] http：// baike. baidu. com/link? url = lteIjYmvNk18a9vv1qKBqcmoR98lsy-w3X0IeQ5W3YuSOk-KxGj42b8hiZlHK8aAGwfjr8nV.

[15] Calvet E, et al. The structure of boehmite [J]. Bull Soc Chim France, 1953 (20)：99～123.

[16] Lippens B C, Steggerda J J, Active Alumina, et al. Physical and Chemical Aspects of Adsorbents and Catalysts [M]. Academic Press, London, Inglaterra (1970) 180.

[17] 严加松，龙军，田辉平. 两种铝基粘结剂性能差异的结构分析 [J]. 石油炼制与化工，2004，35 (12)：35～36.

[18] 宋晓岚，黄学辉. 无机材料科学基础 [M]. 北京：化学工业出版社，2006.

[19] 温廷琏. β 氧化铝—— 一种快离子导体 [J]. 硅酸盐学报，1979，7 (4)：380～387.

[20] http：//www. crystalstar. org/Photo/ShowPhoto. asp? PhotoID = 37.

[21] [日] 宫宗重行. 近代陶瓷 [M]. 上海：同济大学出版社，1988：224.

[22] 李兆聪. 宝石鉴定法 [M]. 北京：地质出版社，1991：174.

[23] 王守平. 多晶透明氧化铝陶瓷材料的研究与制备 [D]. 大连：大连海事大学，2007.

[24] 张美鸽. 高纯氧化铝制备技术的进展 [J]. 功能材料，1993，24 (2)：187～192.

[25] 唐海红，赵志英，焦淑红，等. 高纯超细氧化铝的制备 [J]. 有色金属 (冶炼部分)，2003 (3)：42～43.

[26] 任岳荣，朱自康，徐端莲，等. 硫酸铝铵热分解法制备高纯氧化铝的研究 [J]. 无机盐工业，1991 (6)：21～25.

[27] Metallgesellschaft A G, Karl Ebner. Process for the thermal decomposition of metal salt [P]. GB514538 [P]. 1939－11－10.

[28] Warner Lambert. Verfahren zur herstellung einer grundlage fuer topisch active steroide [P]. DE2515594 [P]. 1974－04－11

[29] Polysius A G. Verahren zur herstellung von tonerd [P]. DE2419544, 1975－11－06.

[30] Bachelardr, Barrelr. High purity alumina mfr. From ammonium alum－which is dehydrated by heating, and then calcined while gas or air steam removes gaseous reaction prods [P]. FR2486058, 1980－01－08.

[31] 刘忻. 高纯超细 α-Al_2O_3 粉体制备技术的进展 [J]. 上海有色金属，1995，16 (6)：347～352.

[32] 饶焰高，饶平根，薛佳祥，等. AACH 热分解法制备 α-Al_2O_3 超细粉末 [J]. 人工晶体学报，2009，38 (8)：782～787.

[33] 李东红，文九巴，李旺兴. AACH 热解法制备纳米氧化铝粉体 [J]. 河南科技大学学报 (自然科学版)，2005，29 (4)：2～4.

[34] 要红昌. 碳酸铝铵热分解法制备超细氧化铝粉体 [D]. 郑州: 郑州大学, 2002.

[35] 肖劲, 万烨, 邓华, 等. 碳酸铝铵热解法制备超细 Al_2O_3 [J]. 轻金属, 2006 (11): 21~24.

[36] 刘建良. 单质铝水解法制备高纯氧化铝粉体 [D]. 昆明: 昆明理工大学, 2003.

[37] 郑福前, 刘建良, 谢明, 等. Al_2O_3 超细颗粒制备新方法——活性铝粉的水解反应 [J]. 粉末冶金工业, 2000, 10 (1): 36~39.

[38] Edward S Martin, Mark L. Weaver, Synthesis and properties of high – purity alumina [J]. American Ceramic Society Bulletin, 1993, 72 (7): 71~77.

[39] 王伟, 张新胜. 高纯胆碱的制备 [J]. 化工学报, 2008, 59 (S1): 105~109.

[40] 冯涛, 赵学国, 王士维, 等. 高纯氧化铝粉体的制备方法 [P]. CN1903728A, 2005 – 07 – 29.

[41] 丑修建, 郭旭侠, 王洁, 等. 正丁醇铝的制备及其水解 [J]. 云南化工, 2004, 31 (2): 1~6.

[42] 常玉芬, 沈国良, 宁桂玲, 等. 异丙醇体系中多形态氧化铝纳米粒子的制备研究 [J]. 材料科学与工程学报, 2004, 22 (2): 172~174.

[43] 郑斯峒, 王保奎. 铝醇盐水解制备高纯氧化铝粉 [J]. 大连铁道学院学报, 1993, 14 (1): 89~91.

[44] 刘建良, 孙加林. 高纯超细氧化铝粉制备方法最新研究进展 [J]. 昆明理工大学学报 (理工版), 2003, 28 (3): 22~28.

[45] 曹茂盛, 曹传宝, 徐甲强. 纳米材料科学 [M]. 哈尔滨: 哈尔滨工程大学出版社, 2002.

[46] 顾立新, 成庆堂, 石劲松. 纳米 Al_2O_3——一种前景广阔的新型化工材料 [J]. 化工新型材料, 2000, 28 (11): 20~21.

[47] 马荣骏, 邱电云, 马文骥. 湿法制备纳米级氧化铝 [J]. 湿法冶金, 1999, 70 (2).

[48] 李芳宇, 刘维平. 纳米粉体制备方法及其应用前景 [J]. 中国粉体技术, 2000, 6 (5): 29~32.

[49] 张泰. 纳米材料的制备技术及进展 [J]. 辽宁化工, 1999, 28 (1): 3~8.

[50] 周绍辉, 林衍洲, 倪海勇. 荧光级高纯氧化铝的制备和应用 [J]. 广东有色金属学报, 2003, 13 (2): 110~113.

2　铝醇盐水解制备高纯氧化铝工艺方法

从蓝宝石原料高纯氧化铝的生产看，目前国内工业化生产中常用的工艺方法主要有碳酸铝铵热分解法、直接水解法和醇盐水解法三种。碳酸铝铵热解法采用多重结晶技术提纯，它的缺点是金属铁、镍、钛、锆等离子以及卤素元素难以去除，纯度最多可以达到4N，一般只能用在焰熔法宝石的生产上，要直接拿来做大尺寸蓝宝石晶体原料非常困难。因此该方法无法满足高端蓝宝石生产的要求。直接水解法即为纯铝直接水解法，是目前国内规模最大的4N级氧化铝生产方法。这种工艺的主要缺陷有两点：

（1）该方法无法再次提纯，纯度不可能超越原料水平；

（2）铝水解不充分会造成产物中残留未反应的铝金属。

铝的存在和杂质的含量多少对蓝宝石的品质影响非常大。醇铝水解法即为异丙醇铝法，该方法是目前日本和美国主要采取生产高纯度氧化铝粉体的工艺，产品纯度可以达到99.996%以上，主要用于LED蓝宝石长晶行业，和直接水解法相比，这种工艺的主要优点是可以再次提纯，是目前国内外公认的制备纯度最高的氧化铝生产方法。

2.1　铝醇盐合成原理

金属醇盐，又称金属烷氧基化合物或金属酸酯，是被人们誉为填补了有机化学和无机化学之间空白的广义金属有机化合物的一部分。它们的分子结构中至少有一个M—O—C（M代表金属元素单元），由于氧原子电负性较强，金属醇盐常显示出一定的极性；但是，大多数金属醇盐在一般有机溶剂中表现出的相当程度的溶解性，又使它们具有共价化合物的一些特征[1~3]。

金属醇盐能够溶解在有机溶剂中的这种特性，不仅为醇盐自身的纯化提供了方便，还被广泛应用于无机合成、有机合成、定向催化聚合和制备功能材料等方面[4]。

目前，元素周期表中大部分的金属和非金属元素可以制备相应的醇盐，但根据元素在周期表中所处位置的不同，制备它们醇盐的方法也不相同。有些金属可以与醇直接反应生成醇盐，如：Mg、Al、Y等；有些需要金属卤化物与醇反应生成醇盐，如：B、Si、P等；还有些需要金属氢氧化物或氧化物与醇反应生成醇盐，如：Na、Ge、Sn、Pb等；此外，制备金属醇盐的方法还有醇解法、金属有机盐与碱金属醇盐反应法、金属二烷基胺盐与醇反应法以及电解法等[5~7]。

铝醇盐合成采用在有催化剂存在下的铝与醇的直接反应法，反应方程式为：

$$Al + 3ROH \xrightarrow{\text{催化剂}} Al(OR)_3 + \frac{3}{2}H_2 \uparrow$$

铝醇盐合成催化剂常用的有 $HgCl_2$、HgI_2、I_2、$AlCl_3$ 及铝醇盐自身，采用不同催化剂会获得不同的催化效果，其原因在于不同催化剂的催化机理不同所致。

卤化汞为催化剂时，由于 Hg^{2+} 的氧化电位高于 Al^{3+} 的氧化电位，Hg^{2+} 易被 Al^{3+} 置换出来，置换出来的汞与 Al 形成不稳定的铝汞齐溶液，成为铝表面的催化活性中心，铝表面的活性中心数目越多，越有利于该合成反应的进行[8]。

$$Al + Hg^{2+} \longrightarrow Al^{3+} + Hg \downarrow$$

I_2 为催化剂时，根据化学反应原理，整个体系中可能存在如下的一系列化学反应：

$$2Al + 3I_2 \longrightarrow 2AlI_3$$

$$AlI_3 + xROH \longrightarrow Al(OR)_x I_{3-x} + xHI$$

$$Al(OR)_x I_{3-x} + (3-x)ROH \longrightarrow Al(OR)_3 + (3-x)HI$$

$$2Al + 6HI \longrightarrow 2AlI_3 + 3H_2 \uparrow$$

$$2HI \longrightarrow I_2 + H_2 \uparrow$$

反应引发过程是通过铝与碘反应生成具有典型的共价键卤化物引起的，该卤化物在具有弱极性的醇中会发生醇解反应，生成铝醇盐和 HI。生成的 HI 会与铝反应生成 AlI_3，从而形成循环反应，反应的总体效果是金属铝与醇不断消耗生成铝醇盐[9]。反应过程中由于生成的 HI 发生部分分解反应，产生碘单质，会造成反应溶液呈淡的棕黄色[10]。

铝醇盐的自催化作用是由于三价铝离子的空轨道与醇羟基中氧的孤对电子形成配位键，导致羟基上的电子云更加偏向氧原子，从而使羟基上的氢容易发生电离，造成溶液的氢离子浓度增大，氢离子在铝表面与铝进行电子交换，产生氢气和铝醇盐。具体反应方程式为[9]：

$$Al(OR)_3 + ROH \longrightarrow Al(OR)_3 \cdot (OR)^- + H^+$$

$$3Al(OR)_3 \cdot (OR)^- + 3H^+ + Al \longrightarrow 4Al(OR)_3 + \frac{3}{2}H_2 \uparrow$$

$AlCl_3$ 为催化剂时，首先发生的是 $AlCl_3$ 与异丙醇的反应，生成 HCl，造成体系酸度增加，从而促进氢离子与铝进行电子交换，产生氢气和铝离子，铝离子与醇反应生产醇盐和氢离子，从而发生循环反应，不断消耗铝和醇产生氢气和铝醇盐[11]。具体反应方程式为：

$$AlCl_3 + nROH \longrightarrow AlCl_{3-n}(OR)_n + nHCl$$

$$Al + 3H^+ \longrightarrow Al^{3+} + \frac{3}{2}H_2 \uparrow$$

$$Al^{3+} + 3ROH \longrightarrow Al(OR)_3 + 3H^+$$

上述四种催化剂各有特点，其中卤化汞催化剂催化速度快，用量少，但它们为剧毒产品，反应过程中产生的 Hg 可能进入产品，对产品的使用有一定影响。I_2 催化剂在制备铝醇盐中需要加入的量较大，在异丙醇中加入浓度要到达 1.3g/L，因此，实际生产中无意义，不能使用。合成铝醇盐时用无水氯化铝为催化剂，需在低温将氯化铝与醇溶在一起，然后加入反应釜中，如直接加入高温的醇中，会造成氯化铝与醇蒸汽直接反应，释放出大量的热，造成冲料现象[12]。

2.2　异丙醇铝的物理化学性质

铝醇盐是在催化剂的作用下采用金属铝与相应的醇直接反应制得。对于同一种金属，与其反应的醇的碳链越长、支链越多，反应速度越慢。比较铝与各种醇的反应速度，铝与丁醇及其以上的醇反应时间较长，与甲醇和乙醇的反应由于生成固体物质包覆于铝片表面，阻碍醇与铝的进一步反应[13]。如果在此类反应中加入另一种溶剂，溶解生成物，促进这两个反应的进行，将使过程复杂化。而铝与正丙醇和异丙醇的反应产物为液体，反应进行较快、较容易。从表 2-1 可以看出[14]，在相同条件下，几种铝醇盐中异丙醇铝的沸点最低，易于减压蒸馏进行纯化，异丙醇铝比正丙醇铝更具有优势，所以其应用更为广泛。

异丙醇铝（$Al(OPr^i)_3$，三异丙醇铝的简称），分子式 $C_9H_{21}AlO_3$，相对分子量 204.33，密度 1.0346g/cm^3（25℃）。异丙醇铝最早是由亚历山大蒂森科在 1898 年的俄罗斯物理化学年会上的论文中首次提及的[15]。该物质室温下为易吸潮的白色固体，可溶于乙醇、异丙醇、苯、甲苯、氯仿、四氯化碳及石油醚等有机溶剂，遇水则分解[16]。熔点 119℃，其沸点与压力的相应值见表 2-1。

表 2-1　铝醇盐在不同压力下的沸点温度

铝醇盐	物理状态	沸点（℃/mmHg）							
乙醇铝 $Al(OEt)_3$	白色固体	163/1.3	169/1.5	171/2.2	181/4.2	184/5.0	188/6.0	190/6.8	197/10.0
异丙醇铝 $Al(OPr^i)_3$	白色固体	106/1.5	111/2.3	118/3.8	122/4.6	124/5.2	131/7.5	132/8.3	135/10.0
正丙醇铝 $Al(OPr^n)_3$	无色液体	205/1.0	221/1.9	215/2.0	228/4.0	233/6.9	238/6.9	239/7.5	245/10.0
正丁醇铝 $Al(OBu^n)_3$	无色液体	242/0.7	258/2.7	262/3.6	272/6.0	276/7.5	281/8.8	284/10.0	—
仲丁醇铝 $Al(OBu^t)_3$	无色液体	134/0.25	151/1.3	156/2.0	164/3.5	170/4.6	177/6.6	181/8.0	185/10.0

注：1mmHg = 133.322Pa。

异丙醇铝分子中铝的配位数为 4，理想结构拥有 D3 对称群。以四聚物 $[Al(OPr^i)_3]_4$ 形式存在，$[Al(OPr^i)_3]_4$ 的结构已被 ^1H 和 ^{27}Al NMR、质谱和 XRD 所证实，这种被称为双分子桥状配位络合物的结构为[17,18]：

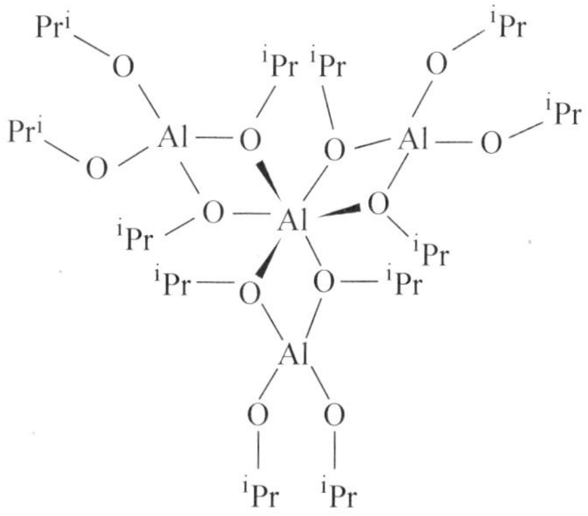

异丙醇铝具有很强的反应活性，能与众多试剂发生化学反应，尤其是含有羟基的试剂，现已广泛研究的有与水、醇、硅醇、酚、有机酯和硅烷酯、乙二醇、有机酸和酸酐、β-二酮和酮酯、β-酮胺和 Shiff 碱、烷基醇胺、肟和羟胺、酮和醛、卤化物和酰卤、硫醇、配位体化合物及不饱和物质等反应[16]。

2.2.1 醇解反应

异丙醇铝与醇发生作用会改变其原有的性质，它们的作用有两种情况：

（1）溶解在异丙醇中。这种溶解作用，会使醇盐配位数扩大，醇分子配位体取代其原有的配位体醇盐分子，缔合分子解体，缔合度下降。

（2）溶解在与其自身有不同烷基的醇中。这种作用称为醇解反应或醇交换反应。

$$Al(OR)_3 + mR'OH \longrightarrow Al(OR)_{3-m}(OR')_m + mROH$$

这类反应机理为双分子亲核取代反应（S_N2）：

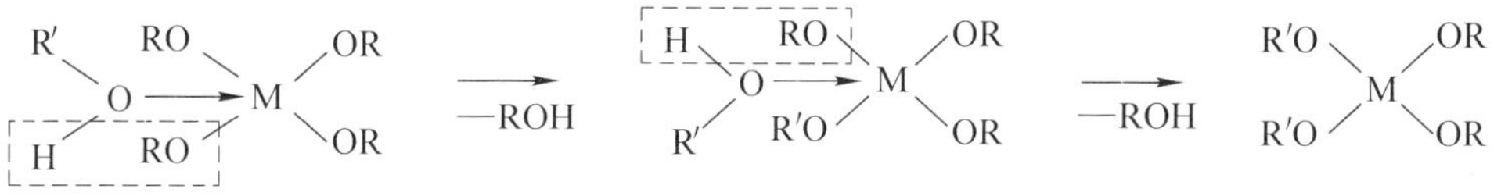

这类反应受位阻因素的影响，反应速度依 $MeO > EtO > Pr^iO > Bu^tO$ 顺序下降，还受中心金属原子的化学性质影响。

2.2.2 醇盐分子间的缔合反应

多种醇盐溶解在醇溶液中，醇盐分子间会发生缔合反应。在溶解有多种醇盐的溶液中可能会形成多核醇盐配合物。电负性不同的元素或电负性接近，但能增加配位数形成配位络合物的元素醇盐分子之间能发生缔合反应，这是构成双金属醇盐化学的基础。在无水条件下，用电负性较大元素的醇盐滴定电负性小元素的醇盐，可生成双金属醇盐。异丙醇铝易形成 $[Al(OPr^i)_4]^-$ 配体，具有很强的配合作用，可形成 $\{M[Al(OPr^i)_4]_2\}$、$\{M'[Al(OPr^i)_4]_3\}$（M = 碱土金属[16]，M' = 镧系[19~21]）多种含铝的双金属醇盐。这类化合物在溶液中，甚至在减压加热时仍可稳定存在。

2.2.3　水解反应

金属醇盐除铂（Pt）醇盐以外均极易水解。因此，在异丙醇铝的合成、保存和使用过程中需绝对避免潮湿气体。其水解过程可表示为：

水　　解：　$Al(OR)_3 + H_2O \longrightarrow Al(OH)_x(OR)_{3-x} + xROH$

脱水缩聚：　$>\!Al—OH + HO—Al\!< \longrightarrow >\!Al—O—Al\!< + H_2O$

脱醇缩聚：　$>\!Al—OR + HO—Al\!< \longrightarrow >\!Al—O—Al\!< + ROH$

式中，x 为参加水解反应的水的摩尔数，随水解条件的不同而不同。水解是由水分子中氧上的孤对电子进攻异丙醇铝中带有正电的铝，从而消除 OR—基团的亲核取代过程[22]。铝醇盐的水解过程是快速的过程，随后的聚合反应也很快进行。因此，独立地描述水解和缩聚反应过程是不可能的。异丙醇铝按计量式的水解反应可简单描述为：

$$Al(OR)_3 + 2H_2O \longrightarrow AlOOH \downarrow + 3ROH$$

利用醇盐上述反应特性通过控制醇盐水解、缩聚程度，可制得"预期"结构的材料。另外也可以通过使用螯合剂如二元醇、有机酸、β-二酮与高活性的醇盐反应形成螯合物，降低反应活性，控制水解速率。

2.2.4　MPV 反应

MPV（Meerwein-Ponndorf-Verley）反应是有机合成中还原醛、酮的重要方法，是在温和的条件下以醇为氢源，对羰基的 C =O 双键进行高效选择加氢还原的反应[23,24]。异丙醇铝是该反应的一种重要的有机还原剂，能选择性地将醛和酮等羰基化合物还原成相应的醇，乃至将羰基还原成亚甲基。而双键、硝基、羧酸酯基及某些卤素等不被还原。

2.3　异丙醇铝提纯方法

金属醇盐常规提纯方法有如下三种[25]。

（1）减压蒸馏法。此方法主要是依据金属醇盐的低沸点性质，但是其沸点又要比常规蒸馏有机化合物沸点高，因此可采用减压蒸馏的方法进行纯化。减压蒸馏法是一种较为常用的方法，与萃取和重结晶方法相比，是一种简易、快速的方法。

（2）萃取法。此方法主要是根据金属醇盐易溶于有机溶剂的特点，使不溶性杂质沉降在容器底部，然后在惰性气体保护下利用过滤的方法进行分离纯化。该方法弥补了一些物质不能减压蒸馏的缺点，也是较为常见的方法，但是此方法耗时较长，不利于大规模生产。

（3）重结晶法。此方法主要是将杂质含量较高的金属醇盐溶解在一定的有机溶剂（如苯）中，分离出不溶性杂质，然后通过溶剂挥发或蒸发、降温，使醇盐结晶出来，杂质或可溶性有机杂质因为未达到饱和而留在饱和液中，从而实现分离纯化的目的。

异丙醇铝提纯方法通常采用上述方法中的减压蒸馏法实现。对于异丙醇铝中铁和硅两种特殊杂质，在它们含量较高时，还可采用特殊方法进行脱除。

居明丽等[26]报道，在铝醇盐体系中加入一种能溶于异丙醇的络合剂，可与醇盐中的铁杂质形成络合物，利用异丙醇铝在异丙醇中溶解度的不同，使异丙醇铝从异丙醇中结晶出来，而铁络合物能较多地分配于异丙醇中，从而与异丙醇铝分离，达到除铁目的。

杨咏来等[27]报道将粗制的铝醇盐产品溶解于苯或甲苯等萃取液中，再把一种能与杂质生成不溶性络合物的络合剂加入到铝醇盐中，络合剂与杂质搅拌反应，静置，沉降（或过滤），再将萃取液及络合液蒸馏，得到最终高纯铝醇盐产品。这种方法除醇盐中的铁杂质效果较好，但是工艺要求时间较长，溶剂的使用量大，不易于工业化生产。

王明艳[25]采用减压蒸馏添加剂法在传统减压蒸馏纯化铝醇盐的基础上，向铝片与醇的反应中直接添加除硅试剂，在反应过程中生成其他硅物质，减压蒸馏时留在底物中，从而得到高纯的铝醇盐。此方法工艺流程简单，环保，易于工业化生产。

2.4 铝醇盐水解法高纯氧化铝制备工艺

采用铝醇盐水解法制备高纯氧化铝粉体工艺流程如图 2-1 所示。整个制备过程主要由四个工艺过程组成，分别为异丙醇铝合成工艺、异丙醇铝提纯工艺、异丙醇铝水解干燥工艺、水解产物煅烧工艺。所涉及的主要反应为：

$$2Al + 6ROH \Longrightarrow 2Al(OR)_3 + 3H_2 \uparrow \tag{2-1}$$

$$2Al(OR)_3 + 4H_2O \Longrightarrow Al_2O_3 \cdot H_2O + 6ROH \tag{2-2}$$

$$Al_2O_3 \cdot H_2O \Longrightarrow Al_2O_3 + H_2O \tag{2-3}$$

式（2-1）为铝与异丙醇反应生成异丙醇铝的反应式，其中 ROH 为异丙醇。

式（2-2）为经提纯的异丙醇铝与纯水发生水解反应的方程式，得到产物为拟薄水铝石和异丙醇，异丙醇经处理可循环使用。

式（2－3）为拟薄铝石在煅烧过程中的分解反应方程式，煅烧产物为高纯氧化铝粉体。

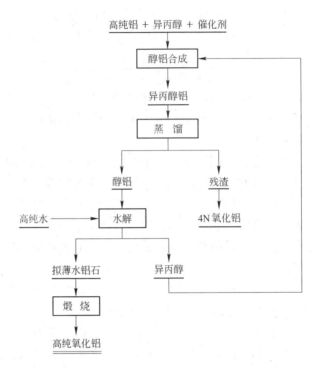

图 2－1　铝醇盐水解法生产高纯氧化铝工艺流程

铝醇盐水解法制备高纯氧化铝粉体的工艺设备连接示意图如图 2－2 所示。

铝醇盐水解法制备高纯氧化铝粉体的主要工艺过程为：首先异丙醇和高纯金属铝片在合成塔中反应，得到异丙醇铝。异丙醇铝在蒸馏罐中进行减压蒸馏，得到高纯的异丙醇铝。异丙醇铝再与高纯水在水解干燥罐中进行水解和干燥，得到高纯氢氧化铝粉体（拟薄水铝石）和两种异丙醇，分别为含水异丙醇和无水异丙醇，其中无水异丙醇用于异丙醇铝合成，含水异丙醇用于异丙醇铝水解，从而实现异丙醇的循环使用。最后，高纯氢氧化铝粉体经煅烧炉进行煅烧得到高纯氧化铝产品。

2.4.1　异丙醇铝合成工艺

合成异丙醇铝原料分别为高纯铝、异丙醇和催化剂。制备不同纯度氧化铝，选用的铝原料不同。要制备99.995%以上纯度的氧化铝，合成异丙醇铝时要选用99.996%纯度的铝片，其成分见表 2－2。

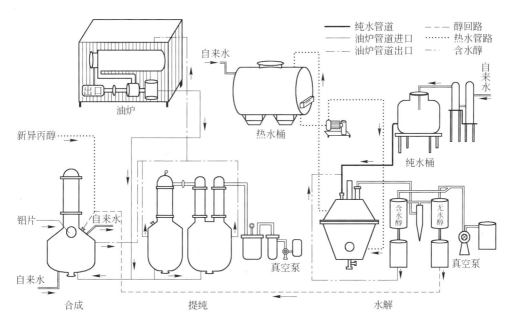

图 2-2 高纯氧化铝粉体制备工艺设备连接示意图

表 2-2 铝锭纯度表（99.996%）

杂 质	杂质含量（×10⁻⁶）	杂 质	杂质含量（×10⁻⁶）
Fe	7	Zn	5
Si	7	Ti	5
Cu	15	Mn	7
Mg	6	Ga	10

注：其他杂质含量均小于 10×10^{-6}。

异丙醇选择的关键是其含水量，一般应选用 3 级以上的异丙醇。微量的水往往会造成异丙醇铝合成时间延长甚至是无法进行。有文献报道[12]，当水含量达到 0.11% 时，铝与异丙醇反应引发时间需要 125min；当水含量达到 0.5% 以上，铝与异丙醇不反应。

判断异丙醇中是否含水以及去除异丙醇中微量水的方法都可以采用向异丙醇中加入异丙醇铝的方式进行。当向异丙醇中加入异丙醇铝后，如异丙醇中含微量水，则异丙醇铝与水发生水解反应，混合溶液中会出现白色絮状物，为氢氧化铝，同时消耗了异丙醇中的水；如异丙醇铝加入后混合溶液透明无变化，则表明异丙醇中不含水。

异丙醇铝合成使用的催化剂可选择无水氯化铝或氯化汞。当选择无水氯化铝为催化剂时，因产生 HCl 气体，会对不锈钢设备产生腐蚀，因此该反应要在搪瓷釜中进行。如使用氯化汞为催化剂，则可在不锈钢设备中进行。

　　设计异丙醇铝合成反应釜时除考虑材质外，还需要考虑合成反应釜体上的加热面积和冷凝塔的换热面积。

　　图2-3给出了异丙醇铝合成采用的设备示意图。主要分两部分：釜体和冷凝器。釜体有两个夹套，底部夹套为加热用，通导热油或高压蒸汽；侧壁夹套以及釜体内的内盘管在紧急情况时通冷却水，用来处理异丙醇铝合成中由于过热引起的爆沸冲料。

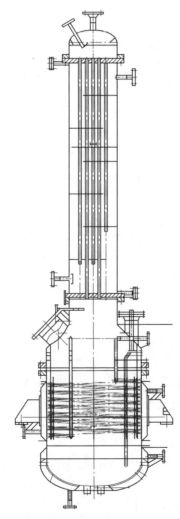

图2-3　异丙醇铝合成设备示意图

　　合成异丙醇铝过程中考虑到安全因素，其加料顺序也有一定要求。一般采取先加铝片，后加异丙醇和催化剂的方式。反过来，如果在热锅状态下先加异丙醇，则会产生大量异丙醇蒸汽，当蒸汽与空气接触达到爆炸极限（体积分数）2%～8%，在随后加铝过程中如有静电产生，就会引起爆炸。异丙醇铝的合成属于化工合成过程，涉及大量的有机溶剂，并会产生大量的氢气，因此，在合成车间中一定要防止静电产生，整个厂房要有避雷电和烟花爆竹措施，厂房内的电器设备要采用防爆装置，厂房内禁止有明火产生。

异丙醇铝合成配料比可采取两种方式，一种是异丙醇过剩方式，另一种是铝过剩方式。两种方式各有利弊。采取异丙醇过剩方式，反应结束后，铝消耗完全，釜内没有铝残渣，不用定期清理，人工操作比较方便，但在合成完成后需要增加一个蒸出异丙醇的环节，同时反应结束点难以判断。采取铝过剩方式，反应结束后有残留的铝存在，需要进行定期清理，但反应结束点易于判断，合成过程能够控制。

2.4.2　异丙醇铝蒸馏工艺

异丙醇铝的沸点与压力的对应值见表2-1，二者在压力为10mmHg以下遵循如下公式：

$$\lg p = 11.4 - 4240/T \qquad (2-4)$$

式中，T 取绝对温度，p 取 mmHg（$1mmHg = 133.322Pa$）。

常压下不可能采取蒸馏的方式提纯异丙醇铝。只有在真空状态下，采用减压蒸馏方式对异丙醇铝进行提纯。由上述式（2-4）还可以看到，随压力下降，蒸馏所需温度降低；而如果真空度达不到要求，则会造成蒸馏温度过高。当蒸馏温度超过200℃时，易引起异丙醇铝分解，生成高分子化合物聚有机铝氧烷，并释放异丙醚，严重时甚至生成氧化铝和异丙醚，造成蒸馏釜内壁结疤，影响热传导，这不仅使得蒸馏速度下降，同时会造成物料损耗[12]。异丙醇铝分解过程的具体反应方程式为：

$$2Al(OPr^i)_3 \longrightarrow Pr^iO\text{—}Al\text{—}O\text{—}Al\text{—}OPr^i + Pr^iOPr^i$$
$$\qquad\qquad\qquad | \qquad\qquad |$$
$$\qquad\qquad\quad OPr^i \qquad\quad OPr^i$$

$$2Al(OPr^i)_3 \longrightarrow Al_2O_3 + 3Pr^iOPr^i$$

图2-4为异丙醇铝减压蒸馏装置示意图。其中左图为蒸馏釜，右图为接料釜。两个釜材质均可采用不锈钢材料。设计异丙醇铝减压蒸馏装置时最关键的参数是加热面积和冷却面积的设计。

蒸馏过程中蒸馏速度对纯度有影响，蒸馏速度过快，夹带出的杂质越多，异丙醇铝中杂质含量就越多，甚至将未反应的铝渣夹带出来，使产品呈灰色。生产中异丙醇铝的蒸馏速度要控制在 $2 kg/(m^2 \cdot s)$ 就能控制杂质夹带。蒸馏速度可以通过调节真空泵的抽气速率、蒸馏釜加热升温速率、蒸馏温度等方式进行控制[12]。

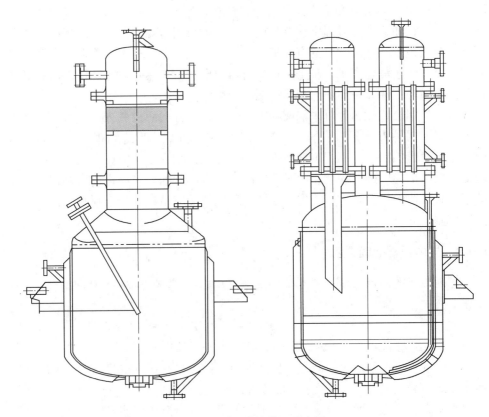

图 2 - 4　减压蒸馏装置示意图

异丙醇铝蒸馏后，残渣留在釜中，随蒸馏次数的增多，残渣越积越多，由于蒸馏作业是间歇式的，釜内物质反复经过升温、降温、再升温的过程，可能发生复杂的化学反应，产生的物质可能以杂质形式进入异丙醇铝中。而且蒸馏釜有效容积的减少，会增加蒸馏作业冲料的可能性。因此，实际生产中，当蒸馏作业达到一定次数后，需要定期对蒸馏釜进行清理。

2.4.3　异丙醇铝水解干燥工艺

异丙醇铝水解及干燥过程是在水解干燥罐中一同完成的。水解干燥罐的示意图如图 2 - 5 所示。水解干燥罐上下罐体都带有夹套，可通冷、热水。

要制备高纯氧化铝，除异丙醇铝纯度要高外，水解过程采用的水的纯度也是非常关键的因素。制备 99.995% 以上高纯氧化铝采用的水是电阻率在 15MΩ 以上的去离子水。

为了回收无水异丙醇，采取两步水解工艺，第一步回收无水异丙醇，第二步回收含水异丙醇。

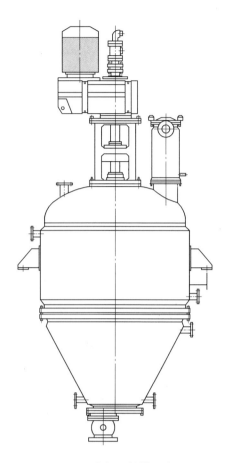

图 2 - 5   水解干燥罐示意图

根据异丙醇铝水解反应方程式:

$$Al(OR)_3 + 2H_2O \longrightarrow AlOOH + 3ROH$$

可以看出,理论上,当醇盐与水摩尔比为 1∶2 时,水解反应完全,可获得无水异丙醇。因此,一般第一步水解选择异丙醇铝与水摩尔比在 1∶(1.5~1.8) 之间,这样可确保第一步回收的异丙醇为无水异丙醇。第二步水解时,为使异丙醇铝充分水解,可以控制异丙醇铝与水摩尔比在 1∶1.5 以上。

异丙醇铝水解速度非常快,同时在水解过程中会释放大量的热,造成水解干燥罐内部压力瞬间增大,对设备安全不利。为避免此现象产生,采取两个措施。

(1) 水解干燥罐夹套内通冷却水,并在水解干燥罐中加入含水凉醇,采取此措施的目的是吸收异丙醇铝水解瞬间产生的大量热,避免异丙醇和水的大量挥发。

(2) 在加入异丙醇铝水解前,先开启真空装置,保持水解干燥罐体内处于负压状态,再向水解干燥罐中加入异丙醇铝,此措施避免水解干燥罐在水解过程中处于正压状态。待水解过程反应完全后,向水解干燥罐夹套内通热水,进行干燥。

异丙醇铝水解过程在 20min 以内基本完成,水解产物的干燥过程是在减压条件下完成的。第一步水解,干燥过程速度由真空度及回收无水醇量决定。第二步水解,干燥过程速度除受真空度还受水解产物中水含量的影响。一般来说,当水解产物中水含量处于异丙醇和水的共沸点组成以下,干燥所需时间短,而处于共沸点组成含量以上,干燥所需时间较长,且干燥不彻底。

干燥结束点可通过真空度来判断,当真空表真空度不再上升,表明可蒸发的物质基本蒸干,也就表明干燥过程结束。可以放料,进入下一道煅烧工序。

2.4.4　煅烧工艺

煅烧过程是在煅烧炉内进行的,煅烧炉可以是间歇式,如窑炉,也可以是连续式的,如推板炉或辊道炉。煅烧炉内耐火材料的选择非常重要,一定要保证在使用温度范围内所含成分的蒸汽压非常低,从而保证产生的挥发性物质非常少,否则会污染物料,影响产品质量。水解干燥好的物料在煅烧前要装在带盖的坩埚或匣钵中,为保证物料不被污染,坩埚或匣钵最好采用氧化铝材质,如刚玉坩埚、高纯度氧化铝坩埚等,这样在煅烧过程中不会与物料发生作用,影响产品的纯度。

氢氧化铝在煅烧过程中的升温要注意两个阶段,首先在 $300 \sim 600 ℃$ 阶段,为内部结构水的脱除阶段,在此期间可采取缓慢升温方式,避免由于快速升温产生大量水蒸气,发生坩埚扑料现象;另外在 $1200 ℃$ 前存在氧化铝不稳定晶型向稳定晶型转变的过程,为保证晶型的全部转变,可在 $1200 ℃$ 保温一定时间,确保氧化铝晶型全部转变为 $\alpha\text{-}Al_2O_3$。

参 考 文 献

[1] 戎欠欠. 醇镁化合物的合成研究 [D]. 杭州:浙江大学,2007.

[2] 杨儒,刘建红,李敏. 稀土金属醇盐的合成研究 [J]. 硅酸盐学报,2004,32 (8):982~987.

[3] 陈永熙,李凝芳,罗淑湘. 异丙醇钇 $Y(OC_3H_7)_3$ 合成的研究 [J]. 中国陶瓷,1999,35 (4):13~14.

[4] 董占能,赵兵,郭玉忠. 金属醇盐的合成 (Ⅵ)[J]. 云南化工,1997 (3):45~47.

[5] 刘建红. 稀土醇盐及稀土氧化物介孔材料的合成及表征 [D]. 北京:北京化工大学,2003.

[6] 叶明,王玉荣,顾明初. 碱金属醇盐和碱金属酚盐的合成及其在橡胶中的应用 [J]. 合成橡胶工业,2002,25 (3):182~185.

[7] 朱传高,魏亦军,朱其永,等. 锂、铝醇盐的电合成及其凝胶工艺 [J]. 新技术新工艺. 材料与表面处理,2004 (4):67~69.

［8］ 王艳，苏春辉，端木庆铎．三异丙氧基铝的制备及催化机理［J］．长春光学精密机械学院学报，1994，17（2）：66～69.

［9］ 王修慧，罗新宇，杨娅，等．直接反应法制备异丙醇铝中碘的催化作用［J］．大连交通大学学报，2007，28（3）：84～87.

［10］ 周毅，郭三仙．碘单质在不同溶剂中的颜色探讨［J］．内蒙古石油化工，2004，30：5～8.

［11］ 王修慧，罗新宇，杨娅，等．直接反应法合成异丙醇钇中 AlCl₃ 的催化作用［J］．分子科学学报，2008，24（1）：16～19.

［12］ 李齐春，戴品中，翁齐菲．异丙醇铝工业化生产的控制［J］．精细与专用化学品，2010，18（11）：11～13.

［13］ Child W C, Adkins H. The Condensation of Aldehydes to Esters by Aluminum Ethoxide［J］. Journal of the American Chemical Society, 1923, 45（12）: 3013～3023.

［14］ Bradley D C, Mehrotra R C, Gaur D P. Metal Alkoxides［M］. London: Academic Press, 1978.

［15］ http://baike. baidu. com/link? url = ZOkO1-6LIuK3NaqV35nfxcAmgMpCNEYENsmkH5S7_IgvSgu60_ 4chcRUVsftF0A_ fqSNsJiLUW0y3VvPtxXNp_ .

［16］ 董占能，赵兵，郭玉忠．金属醇盐的物化特性［J］．昆明理工大学学报，2002，25（2）：58～61.

［17］ Turova N Ya, Kozunov V A. Physico-Chemical and Structural Investigation of Aluminium Isopropoxide［J］. Journal of Inorganic and Nuclear Chemistry, 1979, 41: 5～11.

［18］ Folting K, Streib W E, Caulton K G. Characterization of Aluminium Isopropoxide and Aluminosiloxanes［J］. Polyhedron, 1991, 10（14）: 1639～1646.

［19］ Mehrotra R C, Aggrawal M M, Mehrotra A. Double Isopropoxides of Lantanons with Aluminum. Tri（diisopropoxoaluminum di-u-isopropox）Lanthanon（Ⅲ）［J］. Synthesisand Reactivity in Inorganic and Metal-Orgnic Chemistry, 1973, 3（2）: 181～191.

［20］ Veith M, Yu E C, Huch V. Synthesis and Structures of Alkali（Alkoxy）Antimonates and Bismuthates［J］. Chemistry-A European Journal, 1995, 1（1）: 26～32.

［21］ 沈国良，董优嘉，刘红宇，等．镁铝双金属醇盐合成工艺的研究［J］．化学世界，2012（2）：75～78，81.

［22］ Turova N Y, Turevskaya E P, Kessler V G, et al. The Chemistry of Metal Alkoxides［M］. NewYork: Kluwer Academic Pubilshers, 2002.

［23］ Shiner V J, Whittaker D. A Kinetic Study of the Meerwein-Ponndorf-Verley Reaction［J］. Journal of the American Chemical Society, 1969, 91（2）: 394～398.

［24］ 吕佳．La₂O₃/γ-Al₂O₃酸碱性对肉桂醛 MPV 反应的影响［D］．南宁：广西大学，2012.

［25］ 王明艳．异丙醇铝中痕量硅杂质分离纯化研究［D］．大连：大连理工大学，2005.

［26］ 居明丽．络合－结晶法脱异丙醇铝及氧化铝纳米粉体中痕量铁的研究［D］．大连：大连理工大学，2004.

［27］ 杨咏来，张强，宁桂玲，等．萃取－络合法纯化异丙醇铝的研究［J］．大连理工大学学报，1999，39（1）：53～55.

3 异丙醇铝水解缩聚动力学研究及减压条件下异丙醇－水体系相平衡研究

醇盐水解缩聚是水解过程、缩聚脱水过程及缩聚脱醇三者的联动过程，理论上，水解最终产物为 Al(OH)₃，而缩聚最终产物为 AlOOH，在不同程度的水解条件下获得的最终产物介于 Al(OH)₃ 和 AlOOH 之间。在醇盐水解缩聚过程中，要实现醇的循环利用，希望将所加入的水全部消耗，这就需要在促进水解及缩聚脱醇过程进行的同时，抑制缩聚脱水过程的进行，另一方面为了尽可能回收无水醇，又希望尽量提高水解程度。但如何实现这三个过程的最佳配合，需要通过对异丙醇铝水解缩聚动力学过程进行深入的研究和分析来解决。

通过异丙醇铝水解缩聚过程动力学模拟结果可预知不同程度水解条件下产物的可能结构，以及产物中水的消耗程度，进而确定无水醇产生的条件。采取两步水解工艺，通过第一步水解完成无水醇的提取，通过第二步水解完成醇的充分回收，从而实现降低高纯氧化铝生产成本的目的。

在异丙醇铝水解过程中另一个关键的科学技术问题是，减压蒸馏条件下异丙醇－水共沸点组成、温度与压力间的关系。异丙醇铝水解产物干燥过程是在减压条件下，在异丙醇－水体系中进行的。常压条件下异丙醇－水二元体系为共沸溶液，是偏离拉乌尔定律的非理想溶液，同时也是正共沸混合物，因此其共沸点温度低于异丙醇沸点及水的沸点（共沸温度 80.3℃，共沸组成：水 12.6%，异丙醇 87.4%）。对于共沸混合物来说，压力变化，其共沸点温度及组成也会发生相应的变化，因此有必要研究异丙醇－水系统共沸组成、温度与压力间的关系，这样才能充分利用热源，提高水解干燥速度，降低水解干燥时间。

以上所探讨的水解过程中存在的两个关键科学问题的解决将有利于实现醇的循环利用，降低高纯氧化铝粉体制备的成本，获得性能优良的氧化铝粉体，同时可以通过理论研究结果来指导工艺过程的调整，制备出具有不同性能的氧化铝粉体，丰富高纯氧化铝粉体的品种，以满足不同的应用需求，为高纯氧化铝粉体更广泛的应用开发创造条件，使得国产高纯氧化铝粉体性能和质量提高到一个新的高度，从而也可打破国外在 5N 级高纯高性能氧化铝方面的垄断地位。

3.1 异丙醇铝水解缩聚动力学原理

目前，关于异丙醇铝水解缩聚过程动力学研究报道还很少，但关于硅醇盐和钛醇盐水解缩聚动力学研究已有报道，尤其是对硅醇盐水解缩聚动力学报道较多[1]。针对上述情况，借鉴硅醇盐和钛醇盐水解缩聚动力学研究采用的基本方法对异丙醇铝的水解动力学进行分析研究[2~4]。

异丙醇铝与水混合后，迅速发生反应，其反应方程可由官能团间的相互反应描述：

$$AlOR + H_2O \xrightarrow{k_H} AlOH + ROH \tag{3-1}$$

$$2AlOH \xrightarrow{k_{CW}/2} 2(AlO-)Al + H_2O \tag{3-2}$$

$$AlOH + AlOR \xrightarrow{k_{CA}/2} 2(AlO-)Al + ROH \tag{3-3}$$

上述三个反应分别是水解反应，脱水缩聚反应和脱醇缩聚反应，其中 k_H 为水解速率常数，k_{CW} 为脱水缩聚速率常数，k_{CA} 为脱醇缩聚速率常数。

根据质量作用定律[5]，相关的反应物的反应速率方程可被描述为：

$$\frac{d[AlOR]}{dt} = -k_H[AlOR][H_2O] - \frac{k_{CA}}{2}[AlOH][AlOR] \tag{3-4}$$

$$\frac{d[AlOH]}{dt} = k_H[AlOR][H_2O] - k_{CW}[AlOH]^2 - \frac{k_{CA}}{2}[AlOH][AlOR] \tag{3-5}$$

$$\frac{d[(AlO-)Al]}{dt} = k_{CW}[AlOH]^2 + k_{CA}[AlOH][AlOR] \tag{3-6}$$

$$\frac{d[H_2O]}{dt} = -k_H[AlOR][H_2O] + \frac{k_{CW}}{2}[AlOH]^2 \tag{3-7}$$

$$\frac{d[ROH]}{dt} = k_H[AlOR][H_2O] + \frac{k_{CA}}{2}[AlOH][AlOR] \tag{3-8}$$

（上列式中[AlOR]等为其相应的摩尔浓度值）。

在异丙醇铝、水、异丙醇溶胶 - 凝胶体系中，只有三种官能团存在，分别是—OH、—OR、—OAl。在有异丙醇存在下，Al 的配位数为 6，因此对于 Al 原子，其周围的化学环境应该有 $\sum(6+1)=28$ 个，即溶胶凝胶体系中应该有 28 种含铝物种，采用矩阵形式将这些物种列于图 3 - 1 中。图 3 - 1 中物种由三维向量（X, Y, Z）表示，其中 X、Y、Z 分别代表—OR、—OH、—OAl 的个数，且 $X + Y + Z = 6$。为了说明物种之间的相互转化，将物种之间的转化途径以图 3 - 2 表示出来。

根据式（3 - 4）至式（3 - 6）及图 3 - 1 和图 3 - 2 可以推导出每种含铝物种的速率方程，见式（3 - 9）。

$$\begin{aligned}
\frac{d[X_i, Y_i, Z_i]}{dt} = &\{k_{H_{(i+1)}} \cdot [H_2O]\} \cdot [(X_i+1),(Y_i-1),Z_i] + \\
&\{\sum_j (k_{CW_{(i+1),j}} + k^H_{CA_{(i+1),j}}) \cdot [X_j, Y_j, Z_j]\} \cdot [X_i,(Y_i+1),(Z_i-1)] + \\
&\{\sum_j k^R_{CA_{(i+1),j}} \cdot [X_j, Y_j, Z_j]\} \cdot [(X_i+1),Y_i,(Z_i-1)] - \\
&\{k_{H_i} \cdot [H_2O] + \sum_j (k_{CW_{i,j}} + k^H_{CA_{i,j}} + k^R_{CA_{i,j}}) \cdot [X_j, Y_j, Z_j]\} \cdot [X_i, Y_i, Z_i]
\end{aligned}$$

$$\tag{3-9}$$

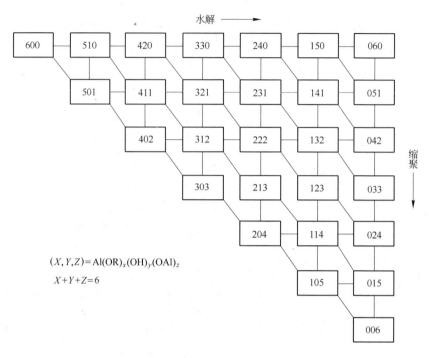

图 3 - 1   Al 原子周围环境可能的物种官能团分布图

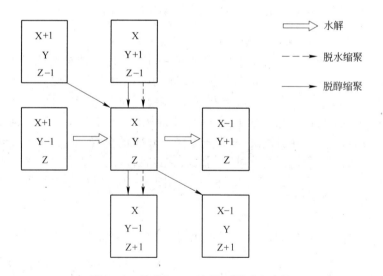

图 3 - 2   物种 (X, Y, Z) 的不同反应途径

由图 3 - 1 和图 3 - 2 可以推导出，物种之间的相互转化存在 $\sum 6 = 21$ 种水解速率常数，$\sum 6 \times (1 + \sum 6)/2 = 231$ 种脱水缩聚速率常数，$1^3 + 2^3 + 3^3 + 4^3 + 5^3 + 6^3 = 441$ 种脱醇缩聚速率常数。通过数值分析方法对上述微分方程进行非线性耦

合，可求得每种物种的浓度分布，但前提是要先确定 693 种水解缩聚反应速率常数，而通过实验方法来确定这 693 种速率常数几乎是不可能的，为了能够描述每种物种的浓度分布，有必要对这些速率常数进行简化处理。假设水解缩聚速率常数只与官能团的活性有关，而与 Al 原子周围的其他环境无关，这样就可以把 693 种速率常数减少到 3 种，即将所有的水解速率常数 k_H，脱水缩聚速率常数 k_{CW}，脱醇缩聚反应常数 k_{CA} 分别看做一致，则式（3 - 9）可以简化为式（3 - 10）的形式。

$$
\begin{aligned}
\frac{d[X_i,Y_i,Z_i]}{dt} = & k_H \cdot \{(X_i + 1) \cdot [(X_i + 1),(Y_i - 1),Z_i] - X_i \cdot [X_i,Y_i,Z_i]\} \cdot \\
& [H_2O] + k_{CW} \cdot \{(Y_i + 1) \cdot [X_i,(Y_i + 1),(Z_i - 1)] - Y_i \cdot \\
& [X_i,Y_i,Z_i]\} \cdot \sum_j Y_j \cdot [X_j,Y_j,Z_j] + \frac{k_{CA}}{2} \cdot \{\{(X_i + 1) \cdot \\
& [(X_i + 1),Y_i,(Z_i - 1)] - X_i \cdot [X_i,Y_i,Z_i]\} \sum_j Y_j \cdot [X_j,Y_j,Z_j] + \\
& \{(Y_i + 1) \cdot [X_i,(Y_i + 1),(Z_i - 1)] - Y_i \cdot [X_i,Y_i,Z_i]\} \cdot \\
& \sum_j X_j \cdot [X_j,Y_j,Z_j]\}
\end{aligned}
$$
(3 - 10)

为了计算各物种的浓度与时间的关系，采用四阶龙格库塔法[6]解上述微分方程即可得到，由于此法具有四阶精度，能很好地对误差进行抑制，所以计算的精确度和可信性很高。该法只需知道各物种浓度的初值及相关速率常数，见式（3 - 11），通过计算机编程使用迭代式（3 - 12）计算即可得到各物种任一时刻的浓度，计算流程见图 3 - 3，C 语言程序代码见附录。

$$
\begin{cases}
\dfrac{d\boldsymbol{y}}{dt} = \boldsymbol{f}(t,\boldsymbol{y}) \\
\boldsymbol{y}(0) = \boldsymbol{y}_0
\end{cases}
$$
(3 - 11)

$$
\begin{cases}
\boldsymbol{y}_{i+1} = \boldsymbol{y}_i + \dfrac{h}{6}(\boldsymbol{K}_1 + \boldsymbol{K}_2 + \boldsymbol{K}_3 + \boldsymbol{K}_4) \\
\boldsymbol{K}_1 = \boldsymbol{f}(t_i,\boldsymbol{y}_i) \\
\boldsymbol{K}_2 = \boldsymbol{f}\left(t_i + \dfrac{h}{2}, \boldsymbol{y}_i + \dfrac{h}{2}\boldsymbol{K}_1\right) \\
\boldsymbol{K}_3 = \boldsymbol{f}\left(t_i + \dfrac{h}{2}, \boldsymbol{y}_i + \dfrac{h}{2}\boldsymbol{K}_2\right) \\
\boldsymbol{K}_4 = \boldsymbol{f}(t_i + h, \boldsymbol{y}_i + h\boldsymbol{K}_3)
\end{cases}
$$
(3 - 12)

如果水解速率比脱水缩聚和脱醇缩聚速率都快，由于水解反应的进行，每分子水的加入都会快速生成一分子的醇，这会导致水浓度的快速下降，若提供足量的水，在水解反应进行到最后异丙醇铝全部消耗，随后由于脱水缩聚和

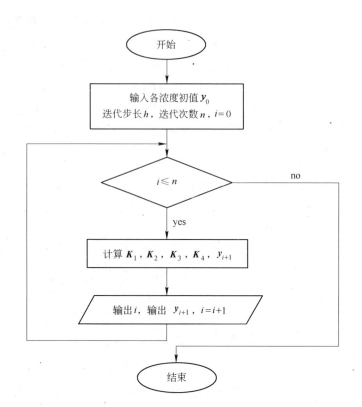

图 3 – 3　龙格库塔法计算流程

脱醇缩聚的进行会出现水浓度的缓慢上升和下降这样的起伏变化。一般情况下，醇盐的水解缩聚反应符合该趋势，且水解速率常数要远大于缩聚速率常数[2]。

反之，如果水解速率比任何一种缩聚速率都慢，则每当发生水解时，每分子 AlOR 的水解消耗一分子的水后会立即发生缩聚反应，形成 1/2 分子水或醇，所以水的浓度会一直下降。

通过上面的讨论可知，根据实验测量水浓度的变化即可知道哪一种假设更符合实际情况。

3.2　实验结果

图 3 – 4 为原料比（异丙醇铝与水的摩尔比）为 1∶3 和 1∶2，温度 25℃ 下得到的水的质量分数（以水占水醇总量的质量分数计）变化图。

由图 3 – 4a 可知，在水的加入量足够的情况下，水的浓度变化先快速下降，然后缓慢上升，最后趋于平衡。根据前面讨论的结果可知，水解速率常数应大于

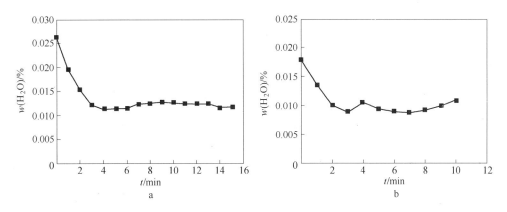

图 3 - 4　25℃时原料比为 1 : 3 和 1 : 2 得到的水的质量分数变化图

任意一种缩聚速率常数。这种情况下，AlOR 会与水快速反应而使水的浓度迅速下降，直到其完全变为 AlOH，随后，由于溶液中只存在 AlOH，相互之间通过脱水缩聚而又会使水的浓度缓慢上升。图 3 - 4b 是在水的加入量不足的情况下测得的结果，可以观察到 H_2O 的质量百分比在 0 ~ 3min 快速下降，这应该是由于水解的快速进行引起的；在 3 ~ 4min 开始上升，这是由于水解产生了大量的 AlOH，高浓度的 AlOH 使脱水缩聚反应速率突然增大，而又由于第一阶段的水解反应使溶液中的 AlOR 大量消耗，并且水的浓度值也已降到极低的水平，根据式（3 - 7）知道，脱水反应对水含量的变化起主要作用，于是造成溶液中水的浓度突然增大；由于溶液中水的浓度不断增大，AlOH 的不断消耗，会使水解反应速率不断增大，而脱水缩聚反应速率开始下降，当它们的水平相当的时候，会使水的浓度达到一极大值，此后，AlOH 缩聚（反应式（3 - 2））产生的每分子水会快速与 AlOR 发生水解反应，导致醇含量的增加，此过程中脱水缩聚反应（反应式（3 - 2））成了反应控制步骤，同时又由于 AlOR 与 AlOH 发生脱醇缩聚反应，见反应式（3 - 3），于是导致水的质量百分比在 4 ~ 7min 之间缓慢下降；最后由于 AlOR 的全部消耗，溶液中只存在 AlOH 间的脱水缩聚反应，从而使水的质量百分比缓慢上升。

图 3 - 5 为原料比（异丙醇铝与水的摩尔比）为 1 : 3 和 1 : 2，温度 20℃下得到的水的质量分数（以水占水醇总量的质量分数计）变化图。

由图 3 - 5 可以看到，在 20℃下水含量随原料配比及时间的变化趋势与 25℃下的一致，即加入足够量的水的情况下，水的浓度先迅速下降，后缓慢上升，最后趋于稳定；而在水加入量不足情况下，水的浓度先迅速下降，后缓慢上升到最高点又再次下降并再次上升。与 25℃时的变化图（图 3 - 4）相比，20℃时水含量的变化趋势更加明显，同时其缩聚过程起始时间有后移的趋势。

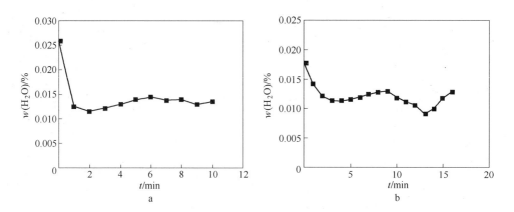

图 3 – 5   20℃时原料比为 1 : 3 和 1 : 2 得到的水的质量分数变化图

3.3   非线性拟合速率常数计算方法

水加入量充分的条件下，当水解完成后溶液中 [AlOR] = 0，因此可以将脱醇缩聚过程忽略，认为只存在脱水缩聚反应。此时，可以将式（3 – 5）和式（3 – 6）分别简化为：

$$\frac{\mathrm{d}[\mathrm{AlOH}]}{\mathrm{d}t} = -k_{\mathrm{CW}} \cdot [\mathrm{AlOH}]^2 \tag{3 – 13}$$

$$\frac{\mathrm{d}[\mathrm{H_2O}]}{\mathrm{d}t} = \frac{k_{\mathrm{CW}}}{2}[\mathrm{AlOH}]^2 \tag{3 – 14}$$

解式（3 – 9）和式（3 – 10）可得：

$$[\mathrm{H_2O}]_t - [\mathrm{H_2O}]_0 = \frac{1}{2}\left([\mathrm{AlOH}]_0 - \frac{1}{\dfrac{1}{[\mathrm{AlOH}]_0} + k_{\mathrm{CW}} \cdot t} \right) \tag{3 – 15}$$

式（3 – 15）中定义水解进行完全后发生脱水缩聚反应的某个时刻为 0，相应的 H_2O 的浓度为 $[H_2O]_0$，AlOH 的浓度为 $[AlOH]_0$，此后 t 时刻的 H_2O 的浓度为 $[H_2O]_t$，这样只需要知道水的浓度与 t 的关系即可通过非线性拟合求得此温度下的水解缩聚速率常数 k_{CW} 及 $[AlOH]_0$。

由于实验测得的值为水占水醇总质量的百分比 $w(H_2O)$，需要转化为水的摩尔浓度 $[H_2O]$。在水解进行过程中一分子的 AlOR 会生成一分子的 ROH，所以当水解进行完全时，异丙醇铝全部消失，其异丙基官能团全部变为异丙醇，异丙醇的含量 $m(ROH)$ 不再变化，而生成的 AlOH 通过脱水缩合而使水含量不断升高，假设反应过程中体系的体积没有发生变化，由此可以通过式（3 – 16）将水的质量百分数转化为水的摩尔浓度。

$$[H_2O]_t = \frac{m(ROH) \cdot w(H_2O)}{18 \cdot [1 - w(H_2O)] \cdot \left[\dfrac{m_0(ROH)}{\rho(ROH)} + \dfrac{m_0(H_2O)}{\rho(H_2O)} + \dfrac{m_0(Al(OR)_3)}{\rho(Al(OR)_3)}\right]}$$

$$(3-16)$$

式中，$m_0(ROH)$，$m_0(H_2O)$，$m_0(Al(OR)_3)$ 分别表示反应最开始加入的 ROH，H_2O，$Al(OR)_3$ 的质量。

实验结果表明醇盐的水解反应速率常数比缩聚反应速率常数都大，此时可认为反应开始初期，只发生水解反应，即实验曲线的初始水含量下降阶段，于是式（3-4）和式（3-7）可分别简化为：

$$\frac{d[AlOR]}{dt} = -k_H[AlOR][H_2O]$$

$$(3-17)$$

$$\frac{d[H_2O]}{dt} = -k_H[AlOR][H_2O]$$

$$(3-18)$$

解式（3-17）和式（3-18）得：

$$\begin{cases} \varphi(H_2O)_t = k_H \cdot t \\ \varphi(H_2O)_t = \dfrac{1}{[AlOR]_0 - [H_2O]_0} \cdot \ln \dfrac{[H_2O]_0 \cdot ([H_2O]_t - [H_2O]_0 + [AlOR]_0)}{[H_2O]_t \cdot [AlOR]_0} \end{cases}$$

$$(3-19)$$

式（3-19）中 $[H_2O]_0$ 和 $[AlOR]_0$ 为反应初始的浓度值，$[H_2O]_t$ 和 $[AlOR]_t$ 为反应 t 时刻的浓度值。式（3-7）和式（3-8）可简化为：

$$\frac{d[H_2O]}{dt} = -k_H[AlOR][H_2O]$$

$$(3-20)$$

$$\frac{d[ROH]}{dt} = k_H[AlOR][H_2O]$$

$$(3-21)$$

由式（3-20），式（3-21）和所测水的含量值，可得式（3-22），用于计算 $[H_2O]_t$：

$$[H_2O]_t = \frac{10 \cdot w(H_2O) \cdot \left[\dfrac{m(H_2O)_0}{18} + \dfrac{m(ROH)_0}{60}\right]}{[7 \cdot w(H_2O) + 3] \cdot \left\{\dfrac{m_0(ROH)}{\rho(ROH)} + \dfrac{m_0(H_2O)}{\rho(H_2O)} + \dfrac{m_0[Al(OR)_3]}{\rho[Al(OR)_3]}\right\}}$$

$$(3-22)$$

利用式（3-19）、式（3-21）和实验数据可求出 $\varphi(H_2O)_t$ 与 t 的关系，然后再进行线性拟合，从而得到水解速率常数 k_H。

当水加入量不足时，溶液中脱醇缩聚反应（反应式（3 – 3））会对水含量变化起到一定作用，因此，此时不能忽略脱醇缩聚的影响。脱醇缩聚影响阶段可以假设在此阶段脱水缩聚产生的水快速水解，使得水的含量保持不变，而由于脱醇缩聚的存在，使得 ROH 不断生成，又会使所测水占水醇总质量的百分比不断变小，同时结合质量作用定律可以得出相关物种的速率方程：

$$\frac{\mathrm{d}[\mathrm{ROH}]}{\mathrm{d}t} = \frac{k_{\mathrm{CW}}}{2}[\mathrm{AlOH}]^2 + \frac{k_{\mathrm{CA}}}{2}[\mathrm{AlOH}][\mathrm{AlOR}] \tag{3 – 23}$$

$$\frac{\mathrm{d}[\mathrm{AlOH}]}{\mathrm{d}t} = -\frac{k_{\mathrm{CW}}}{2}[\mathrm{AlOH}]^2 - \frac{k_{\mathrm{CA}}}{2}[\mathrm{AlOH}][\mathrm{AlOR}] \tag{3 – 24}$$

$$\frac{\mathrm{d}[\mathrm{AlOR}]}{\mathrm{d}t} = -\frac{k_{\mathrm{CW}}}{2}[\mathrm{AlOH}]^2 - \frac{k_{\mathrm{CA}}}{2}[\mathrm{AlOH}][\mathrm{AlOR}] \tag{3 – 25}$$

解由式（3 – 23）~ 式（3 – 25）组成的微分方程组得：

$$\ln \frac{k_{\mathrm{CW}} \cdot ([\mathrm{ROH}]_{t_0} + [\mathrm{AlOH}]_{t_0} - [\mathrm{ROH}]_t)}{(k_{\mathrm{CW}} + k_{\mathrm{CA}}) \cdot ([\mathrm{ROH}]_{t_0} + [\mathrm{AlOH}]_{t_0} - [\mathrm{ROH}]_t) - k_{\mathrm{CW}} \cdot [\mathrm{AlOH}]_{t_0}}$$

$$= \frac{k_{\mathrm{CA}} \cdot [\mathrm{AlOH}]_{t_0}}{2} \cdot (t - t_0) \tag{3 – 26}$$

式中，$[\mathrm{ROH}]_{t0}$ 和 $[\mathrm{AlOH}]_{t0}$ 分别为反应进行到 t_0 时刻 AlOR 完全消耗时的 ROH 和 AlOH 的浓度值，$[\mathrm{ROH}]_t$ 为反应进行到 t 时刻时的 ROH 的浓度值。$[\mathrm{ROH}]_t$ 可由下式得到：

$$[\mathrm{ROH}] = \frac{3 \cdot [1 - w(\mathrm{H_2O})] \cdot [\mathrm{H_2O}]_{t0}}{10 \cdot w(\mathrm{H_2O})} \tag{3 – 27}$$

由式（3 – 13）及拟合 k_{CW} 时所得到的数据联合求出 $[\mathrm{AlOH}]_{t0}$ 与 t_0 的关系（见式（3 – 28））；由于在 t_0 时刻以后 $n[\mathrm{ROH}]$ 的值不再变化，故 $[\mathrm{ROH}]_{t0}$ 可由式（3 – 29）求出。式（3 – 27）中 $[\mathrm{H_2O}]_{t0}$ 的表达式可由式（3 – 14）导出（见式（3 – 30））。

$$[\mathrm{AlOH}]_{t_0} = \frac{1}{k_{\mathrm{CW}} \cdot (t_0 - 8) + \dfrac{1}{[\mathrm{AlOH}]_0}} \tag{3 – 28}$$

$$[\mathrm{ROH}]_{t_0} = \frac{\dfrac{m_0(\mathrm{ROH})}{60} + \dfrac{3 \cdot m_0[\mathrm{Al(OR)_3}]}{204}}{\dfrac{m_0(\mathrm{ROH})}{\rho(\mathrm{ROH})} + \dfrac{m_0(\mathrm{H_2O})}{\rho(\mathrm{H_2O})} + \dfrac{m_0[\mathrm{Al(OR)_3}]}{\rho[\mathrm{Al(OR)_3}]}} \tag{3 – 29}$$

$$[\mathrm{H_2O}]_{t_0} = [\mathrm{H_2O}]_0 + \frac{1}{2} \cdot ([\mathrm{AlOH}]_0 - [\mathrm{AlOH}]_{t_0}) \tag{3 – 30}$$

联立式（3-26）~式（3-30）可以得出：

$$
\begin{cases}
T = \dfrac{a + [\,\mathrm{ROH}\,]_{t_0} + a \cdot \left\{ \mathrm{e}^{\frac{a \cdot b}{2}\left[\frac{1}{k_{\mathrm{N}}} \cdot \left(\frac{1}{a} - \frac{1}{[\,\mathrm{AlOH}\,]_a}\right) + 8 - t\right]} - 1 - \dfrac{b}{k_{\mathrm{CW}}} \right\}^{-1}}{[\,\mathrm{H_2O}\,]_0 + \dfrac{1}{2} \cdot ([\,\mathrm{AlOH}\,]_0 - a)} \\[4mm]
T = \dfrac{3 \cdot [\,1 - w(\mathrm{H_2O})\,]}{10 \cdot w(\mathrm{H_2O})} \\[3mm]
a = [\,\mathrm{AlOH}\,]_{t_0} \\[1mm]
b = k_{\mathrm{CA}}
\end{cases}
\tag{3-31}
$$

利用式（3-31），对实验数据进行处理，求出 T 与 t 的关系，然后非线性拟合处理可计算出脱醇速率常数 k_{CA}。

3.4　速率常数拟合结果

图 3-6 和图 3-7 分别给出了 25℃ 和 20℃时三个速率常数非线性拟合结果。

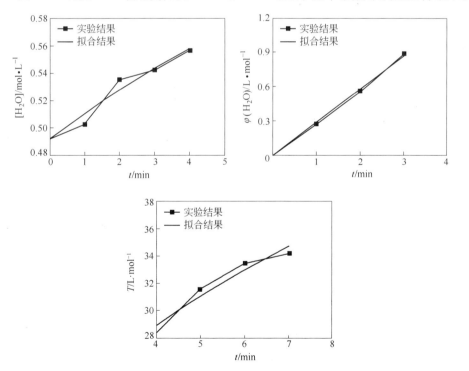

图 3-6　25℃三个速率常数非线性拟合图

由图 3-6 拟合得到 $k_{\mathrm{CW}} = 0.0620\mathrm{L/(mol \cdot min)}$，相关系数 $R^2 = 0.9594$；$k_{\mathrm{H}} = 0.2889\mathrm{L/(mol \cdot min)}$，$R^2 = 0.9994$，$k_{\mathrm{CA}} = 0.0113\mathrm{L/(mol \cdot min)}$，$R^2 = 0.9474$。

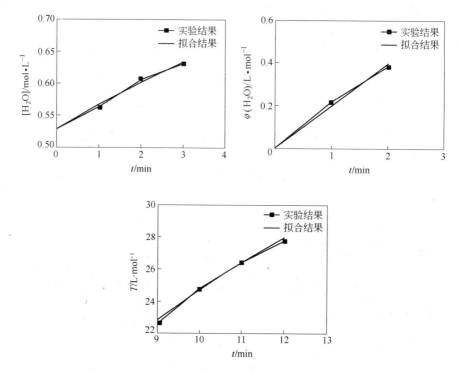

图 3－7　20℃三个速率常数非线性拟合图

由图 3 － 7 拟合得到 $k_{CW} = 0.0336 \text{L}/(\text{mol} \cdot \text{min})$，相关系数 $R^2 = 0.9949$；$k_H = 0.1974 \text{L}/(\text{mol} \cdot \text{min})$，$R^2 = 0.9979$，$k_{CA} = 0.0085 \text{L}/(\text{mol} \cdot \text{min})$，$R^2 = 0.9973$。

由上面计算结果可以看出，水解速率常数较脱水缩聚和脱醇缩聚的速率常数高一个数量级，脱水速率常数又较脱醇速率常数高。该结果表明在异丙醇铝水解缩聚过程中水解速度非常快，因此它对异丙醇铝水解缩聚动力学过程影响不大，控制异丙醇铝水解缩聚动力学过程的关键步骤应为脱水缩聚和脱醇缩聚过程。

由两个温度下计算的三个速率常数可以看出，随反应温度的下降，三个速率常数均出现下降趋势。

对上述拟合结果使用阿累尼乌斯公式（见式（3－32））进行计算[5]。

$$k = A \cdot e^{-E_a/RT} \tag{3-32}$$

式中，k 为反应速率常数；A 为活化因子，与速率常数有相同的量纲；E_a 为反应活化能，常用单位为 kJ/mol；R 为摩尔气体常数，取 $R = 8.314 \text{J}/(\text{mol} \cdot \text{K})$。$A$ 与 E_a 都为反应的特性常数，基本与温度无关。

式（3－32）可用对数关系表示为：

$$\ln k = -\frac{E_a}{RT} + \ln A \qquad (3-33)$$

根据式（3-33）和两个温度下的 k_H、k_{CW} 和 k_{CA} 实验值计算 $\ln k$ 和 $1/T$，绘制 $\ln k - 1/T$ 图（见图 3-8），并进行线性拟合，即可得到水解反应、脱水缩聚、脱醇缩聚反应活化能 E_a 和指前因子 A。

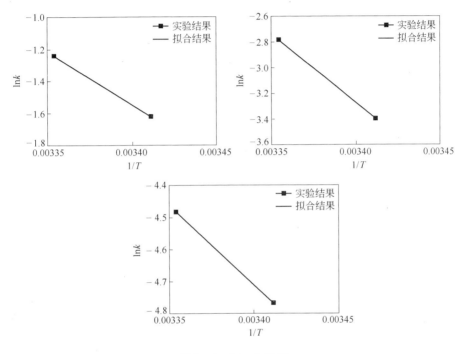

图 3-8　$\ln k - 1/T$ 图

根据图 3-8 得到，水解反应的活化能 $E_{aH} = 55.350\text{kJ/mol}$，活化因子 $A_H = 1.439 \times 10^9 \text{L/(mol·min)}$。脱水缩聚的反应活化能 $E_{aCW} = 89.032\text{kJ/mol}$，活化因子 $A_{CW} = 2.461 \times 10^{14} \text{L/(mol·min)}$。脱醇缩聚的反应活化能 $E_{aCA} = 41.382\text{kJ/mol}$，活化因子 $A_{CA} = 2.010 \times 10^5 \text{L/(mol·min)}$。

3.5　水解缩聚动力学模拟

3.5.1　原料配比影响

3.5.1.1　原料比为 1:1 的水解过程模拟

以 25℃ 原料摩尔比为 1:1（$[\text{Al(OR)}_3] = 3.568\text{mol/L}$，$[\text{H}_2\text{O}] = 3.568\text{mol/L}$）的溶液体系得到的 $k_H = 0.2889\text{L/(mol·min)}$，$k_{CW} = 0.0620\text{L/(mol·min)}$，$k_{CA} = 0.0113\text{L/(mol·min)}$ 对体系进行计算机模拟计算。

图 3 - 9 为计算所得的 $Q(0)$ 物种（600），（510），（420），（330），（240），（150），（060）与时间的关系曲线。这里 $Q(Z)$ 指的是 Al 原子通过 Al—O—Al 键与 Z 个其他的 Al 原子相连。$Q(0)$ 物种即为图 3 - 1 中所示矩阵顶行的物种。

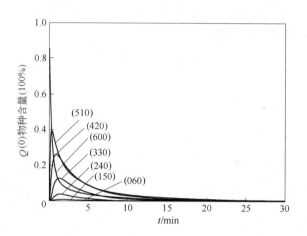

图 3 - 9　$Q(0)$ 物种（600），（510），（420），（330），
（240），（150）和（060）与时间的关系

初始反应时 Al 原子全部以（600）的形式存在，反应进行到 1min 左右，由于水解反应的快速进行，物种（600）快速下降到 14% 左右，之后随缩聚反应的进行，下降速度开始减缓。其他的 $Q(0)$ 物种均从 0 时刻开始上升，然后逐渐下降，直至消失，物种消失的时间顺序依次是（510）>（420）>（330）>（240）>（150）>（060）。

图 3 - 10 为反应的前 5min 物种 $Q(0)$ 的变化图。从图 3 - 10 可以更清楚地看

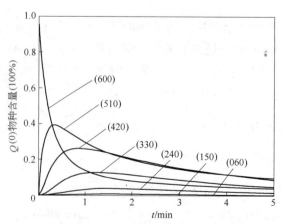

图 3 - 10　反应初期 $Q(0)$ 物种（600），（510），（420），（330），
（240），（150）和（060）与时间的关系

出，反应物质中—OR 基团的数目与其变化趋势明显相关。$Q(0)$ 物种浓度变化趋势快慢顺序依次是（510）>（420）>（330）>（240）>（150）>（060），这是由于水解反应进行的较快而缩聚反应相对较慢引起的，含有—OR 基团越多的物种其水解速率就越快，消耗的也就越快，这使得开始时（510），（420），（330），（240），（150），（060）物种的含量增加得较快，而随后进行的缩聚反应较慢，所以物种的变化趋势变缓。

图 3－11 为计算所得的 $Q(1)$ 物种（501），（411），（321），（231），（141）和（051）与时间的关系。从图 3－11 可以看出，$Q(1)$ 物种浓度随着 $Q(0)$ 物种的不断缩聚迅速增大，随后随着它向 $Q(2)$ 的转变而缓慢下降。最后由于水含量的不足，使得产物中有占总量 3.6% 左右的（501）物种基本不再发生转变；其他 $Q(1)$ 物种也基本不再改变，其变化趋势快慢顺序为（411）>（321）>（231）>（141）>（051）。

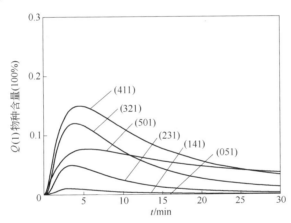

图 3－11　$Q(1)$ 物种（501），（411），（321），（231），（141）和（051）与时间的关系

图 3－12 为计算所得 $Q(2)$ 物种（402），（312），（222），（132）和（042）与时间的关系。从图 3－12 可以看出，各物种含量呈现先快速增加后缓慢下降的趋势，其中（402）的这种趋势最为明显，反应进行到 30min 左右，（402）物种的含量基本不再变化，约为 11.3% 左右。其他 $Q(2)$ 物种的变化快慢顺序依次为（312）>（222）>（132）>（042）。$Q(2)$ 物种的出现都是在靠近原点开始的，这是因为 $Q(2)$ 物种产生前提是 $Q(0)$ 物种发生缩聚形成 $Q(1)$ 物种，然后由 $Q(1)$ 物种发生缩聚形成 $Q(2)$ 物种，因此需要一定的时间，也就是需要一定的孕育期。

图 3－13 为计算所得的 $Q(3)$ 物种（303），（213），（123）和（033）与时间的关系。从图 3－13 可以看出，在 30min 内（303）物种的含量在不断增大；而其他 $Q(3)$ 物种含量则先增大后减小，变化趋势快慢顺序与其所含—OR 基团的

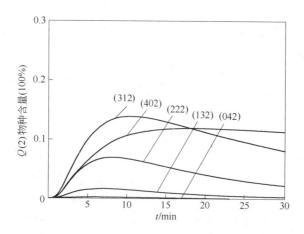

图 3 – 12　$Q(2)$ 物种（402），（312），（222），（132）和（042）与时间的关系

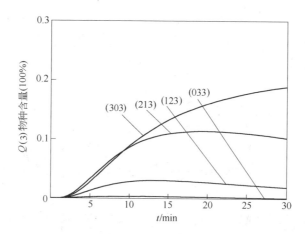

图 3 – 13　$Q(3)$ 物种（303），（213），（123）和（033）与时间的关系

数目相关，依次为（213）>（123）>（033）。$Q(3)$ 物种出现需要的孕育期更长，并呈现浓度随时间增长逐步升高的趋势。

图 3 – 14 为计算所得的 $Q(4)$ 物种（204）、（114）、（024），$Q(5)$ 物种（105）、（015）和 $Q(6)$ 物种（006）与时间的关系。在反应开始的 30min 内，$Q(4)$ 物种中（204）物种浓度在不断增大，（114）物种浓度先增大，最后基本保持不变，（024）物种浓度先增大后缓慢下降；$Q(5)$ 物种中（105）物种先缓慢增加，后增加速度减缓，（015）物种也不断增大，但增长速度较慢；$Q(6)$ 物种浓度也在以较慢的速度增大。以上物种开始出现所需的时间较 $Q(3)$ 物种需要的孕育期更长。

图 3 – 15 为计算所得各官能团的浓度 AlOR，AlOH 和 AlO-Al 与时间的关系。

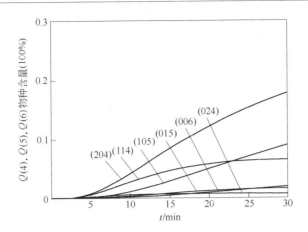

图 3 – 14　$Q(4)$ 物种（204）、（114）、（024），$Q(5)$ 物种（105）、
（015）和 $Q(6)$ 物种（006）与时间的关系

从图 3 – 15 可以看出 AlOR 的浓度初始下降速度较快，3min 左右即降为 60%，随后下降速度减缓，AlOH 的浓度开始快速上升，2min 左右达到最大值（28% 左右），随后开始缓慢下降，而 AlOAl 的浓度快速增长，随后增长趋势减缓。反应到 50min 时，整个反应基本不再变化，此时体系中有约 40% 的 AlOR 基团，约 60% 的 AlOAl 基团，还有少量的 AlOH 基团。考虑到异丙醇铝的最终产物为拟薄水铝石相[7]（AlOOH），所以可以将 AlOH 与 AlOAl 的浓度比为 1 : 2 的反应时刻看做反应的终点，则此时的反应终止时间为 10.38min。

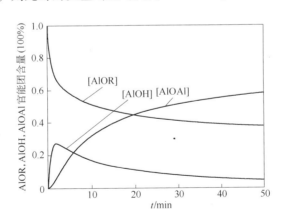

图 3 – 15　官能团的浓度 AlOR，AlOH 和 AlOAl 与时间的关系

3.5.1.2　原料比为 1 : 2 的水解过程模拟

对 25℃原料摩尔比为 1 : 2（$[Al(OR)_3] = 3.568mol/L$，$[H_2O] = 7.136mol/L$）的溶液体系进行模拟计算。

图 3－16 为计算所得的 $Q(0)$ 物种（600），（510），（420），（330），（240），（150），（060）与时间的关系。初始反应时 Al 原子全部以（600）的形式存在，反应进行到 0.5min 左右，由于水解反应的快速进行，物种（600）已经快速下降到 6% 左右，然后随缩聚反应的进行，下降速度开始减缓。其他的 $Q(0)$ 物种均从 0 时刻开始上升，由于水解速度较快使得这些物种快速达到最大值，之后由于缩聚速度相对缓慢，这些物种的浓度开始逐渐缓慢下降，变化趋势快慢顺序依次是（510）＞（420）＞（330）＞（240）＞（150）＞（060）。含有—OR 基团越多的物种其水解速率就越快，消耗的也就越快，这使得开始时（510），（420），（330），（240），（150），（060）物种的含量增加的较快，而随后进行的缩聚反应较慢，所以物种的变化趋势变缓。

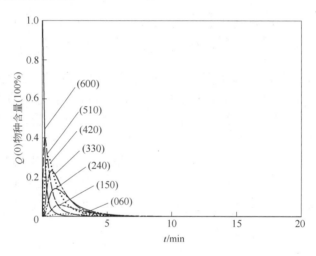

图 3－16　$Q(0)$ 物种（600），（510），（420），（330），
（240），（150）和（060）与时间的关系

图 3－17 为反应的前 5min 物种 $Q(0)$ 的变化图。与图 3－10 对比可以看出，反应物种变化趋势提前，说明随水浓度增大其反应速度加快。

图 3－18 为计算所得的 $Q(1)$ 物种（501），（411），（321），（231），（141）和（051）与时间的关系。从图 3－18 可以看出，$Q(1)$ 物种浓度随着 $Q(0)$ 物种的不断缩聚迅速增大，随后随着它向 $Q(2)$ 的转变而缓慢下降，直到其完全消失；相比图 3－11，（501）物种浓度大大减小，$Q(1)$ 物种变化趋势快慢顺序也发生很大变化，可以看出的规律分布为（231）＞（321）＞（411）＞（501）。

图 3－19 为计算所得 $Q(2)$ 物种（402），（312），（222），（132）和（042）与时间的关系。从图 3－19 可以看出，各物种含量呈现先快速增加后缓慢下降的趋势。其中（402）物种由于水解反应快速消耗，一直维持在较低水平，直到最后水解完全。与图 3－12 相比 $Q(2)$ 物种的变化快慢顺序变化较大，可以看出的

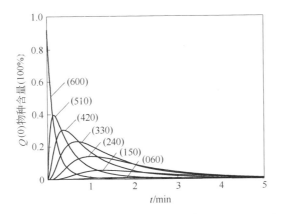

图 3 – 17 反应初期 $Q(0)$ 物种 (600)，(510)，(420)，(330)，
(240)，(150) 和 (060) 与时间的关系

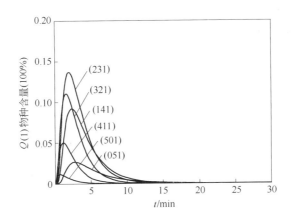

图 3 – 18 $Q(1)$ 物种 (501)，(411)，(321)，(231)，(141) 和 (051) 与时间的关系

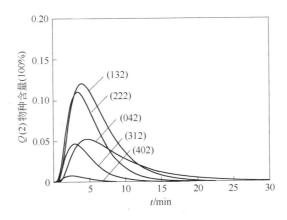

图 3 – 19 $Q(2)$ 物种 (402)，(312)，(222)，(132) 和 (042) 与时间的关系

分布规律为（132）>（222）>（312）>（402）。

图 3 – 20 为计算所得的 $Q(3)$ 物种（303），（213），（123）和（033）与时间的关系。从图 3 – 20 可以看出，在 30min 内 $Q(3)$ 物种的含量先快速增大后缓慢减小，与图 3 – 13 相比，其变化趋势明显提前，反应进行到 30min 时还有约占总 Al 含量 1.3% 的（033）物种存在，而其他物种基本全部消耗，这是由于水解进行较快，含 —OR 基团的物种彻底水解造成的。可以看出的变化趋势也与图 3 – 13 有很大不同，（123）>（213）>（303）。

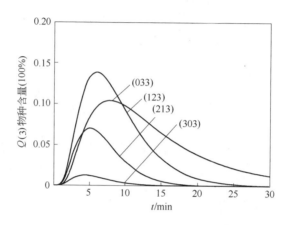

图 3 – 20 $Q(3)$ 物种（303），（213），（123）和（033）与时间的关系

图 3 – 21 为计算所得的 $Q(4)$ 物种（204）、（114）、（024），$Q(5)$ 物种（105）、（015）和 $Q(6)$ 物种（006）与时间的关系。在反应开始的 30min 内，$Q(4)$ 物种浓度先增大然后缓慢减小；$Q(5)$ 物种浓度先增加，而后缓慢下降；

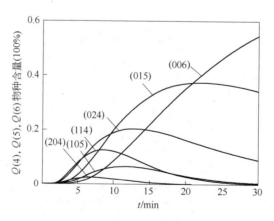

图 3 – 21 $Q(4)$ 物种（204）、（114）、（024），$Q(5)$ 物种（105）、
（015）和 $Q(6)$ 物种（006）与时间的关系

$Q(6)$ 物种浓度也先以较慢的速度增长，后增长趋势变快。

图 3-22 为计算所得各官能团的浓度 AlOR，AlOH 和 AlOAl 与时间的关系。

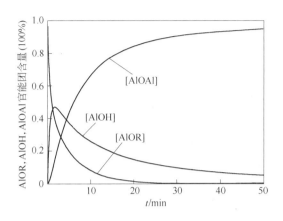

图 3-22　官能团的浓度 AlOR，AlOH 和 AlOAl 与时间的关系

从图 3-22 可以看出 AlOR 的初始浓度下降速度较快，4min 左右即降为 20%，随后下降速度减缓，AlOH 的浓度开始快速上升，2min 左右达到最大值（44% 左右），随后开始缓慢下降，而 AlOAl 的浓度快速增长，随后增长趋势减缓。这是由于初始反应时，由于水解速率较快，从而导致 AlOR 的快速消耗，生成大量的 AlOH，从而使初始时 AlOR 的浓度快速下降，而 AlOH 浓度快速增大；随着时间的延长，AlOR 的浓度逐渐下降，水解速率减慢，从而 AlOR 的下降速率减慢，生成 AlOH 的速率减慢，而消耗 AlOH 的速率相对较大，从而使 AlOH 的浓度变化呈现缓慢的下降趋势，此过程开始时 AlOH 和 AlOR 的浓度逐渐降低，缩聚反应速率逐渐降低，从而使生成的 AlOAl 浓度在开始时的增长速率较快，而后趋势减缓。将 AlOH 与 AlOAl 的浓度比为 1∶2 的反应时刻看做反应的终点，则此时的反应终止时间为 7.92min。

3.5.1.3　原料比为 1∶3 的水解过程模拟

对 25℃原料摩尔比为 1∶3 （$[Al(OR)_3] = 3.568mol/L$，$[H_2O] = 10.704mol/L$）的溶液体系进行模拟计算。

图 3-23 为计算所得的 $Q(0)$ 物种 （600），（510），（420），（330），（240），（150），（060） 与时间的关系。图 3-24 为反应的前 5min 物种 $Q(0)$ 的变化图。初始反应时 Al 原子全部以 （600） 的形式存在，反应进行到 0.5min 左右，由于水解反应的快速进行物种 （600） 已经快速下降到 1.3% 左右，然后又相对慢速的随缩聚反应的进行，下降速度开始减缓。其他的 $Q(0)$ 物种均从 0 时刻开始上升，然后逐渐下降，变化趋势快慢顺序依次是 （510）＞（420）＞（330）＞（240）＞（150）＞（060）。

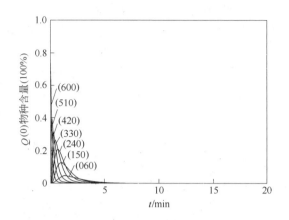

图 3 - 23 $Q(0)$ 物种 (600), (510), (420), (330),
(240), (150) 和 (060) 与时间的关系

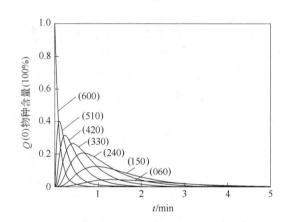

图 3 - 24   反应初期 $Q(0)$ 物种 (600), (510), (420), (330),
(240), (150) 和 (060) 与时间的关系

  图 3 - 25 为计算所得的 $Q(1)$ 物种 (501), (411), (321), (231), (141) 和 (051) 与时间的关系。从图 3 - 25 可以看出, $Q(1)$ 物种浓度随着 $Q(0)$ 物种的不断缩聚迅速增大, 随后随着它向 $Q(2)$ 的转变而缓慢下降, 直到其完全消失; 相比图 3 - 18, 物种浓度的变化趋势整体提前, (051) 物种浓度能达到的最大值明显增大, 另外, 从图 3 - 25 可以看出浓度趋势变化快慢顺序为 (231) > (321) > (411) > (501)。

  图 3 - 26 为计算所得 $Q(2)$ 物种 (402), (312), (222), (132) 和 (042) 与时间的关系。从图可以看出, 各物种含量呈现先快速增加后缓慢下降的趋势。与图 3 - 19 相比, (042) 物种浓度最大值增长明显, 其他物种的分布规律为

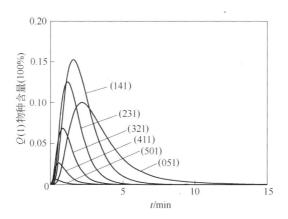

图 3－25　$Q(1)$ 物种（501），（411），（321），（231），（141）和（051）与时间的关系

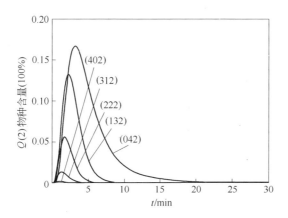

图 3－26　$Q(2)$ 物种（402），（312），（222），（132）和（042）与时间的关系

（132）＞（222）＞（312）＞（402）。

　　图 3－27 为计算所得的 $Q(3)$ 物种（303），（213），（123）和（033）与时间的关系。从图 3－27 可以看出，在 30min 内 $Q(3)$ 物种的含量先快速增大后缓慢减小，与图 3－20 相比，其变化趋势明显提前，反应进行到 30min 时还有约占总 Al 含量 0.7% 的（033）物种存在，而其他物种基本全部消耗，可以看出的变化趋势与图 3－20 相比变化不大，（033）＞（123）＞（213）＞（303）。

　　图 3－28 为计算所得的 $Q(4)$ 物种（204）、（114）、（024），$Q(5)$ 物种（105）、（015）和 $Q(6)$ 物种（006）与时间的关系。在反应开始的 30min 内，$Q(4)$ 物种浓度先增大后减小；$Q(5)$ 物种浓度先增加而后缓慢下降；$Q(6)$ 物种浓度先以较慢的速度增长，后增长趋势变快。

　　图 3－29 为计算所得各官能团的浓度 AlOR，AlOH 和 AlOAl 与时间的关系。

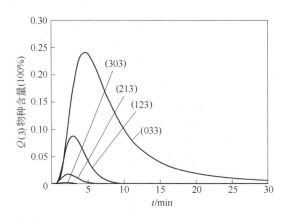

图 3 – 27　$Q(3)$ 物种（303），（213），（123）和（033）与时间的关系

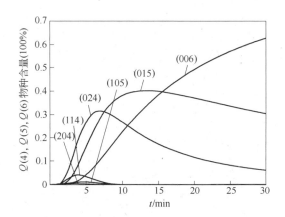

图 3 – 28　$Q(4)$ 物种（204）、（114）、（024），$Q(5)$ 物种（105）、（015）和
$Q(6)$ 物种（006）与时间的关系

　　从图 3 – 29 可以看出 AlOR 的初始浓度下降速度较快，3min 左右即降为 10%，随后下降速度减缓，AlOH 的浓度开始快速上升，1min 左右达到最大值（60% 左右），随后开始缓慢下降，而 AlOAl 的浓度快速增长，随后增长趋势减缓。将 AlOH 与 AlOAl 的浓度比为 1 : 2 的反应时刻看做反应的终点，则此时的反应终止时间为 6.29min。

　　3.5.1.4　原料比为 1 : 6 的水解过程模拟

　　对 25℃ 原料摩尔比为 1 : 6（[Al(OR)$_3$] = 3.568mol/L，[H$_2$O] = 21.408mol/ L）的溶液体系进行模拟计算。

　　图 3 – 30 为计算所得的 $Q(0)$ 物种（600），（510），（420），（330），（240），（150），（060）与时间的关系。初始反应时 Al 原子全部以（600）的形式存在，

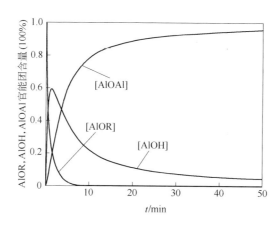

图 3-29　官能团的浓度 AlOR，AlOH 和 AlOAl 与时间的关系

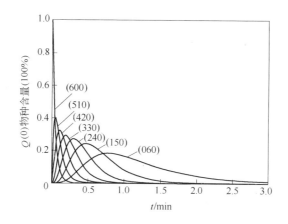

图 3-30　$Q(0)$ 物种（600），（510），（420），（330），
（240），（150）和（060）与时间的关系

反应进行到 0.2min 左右，由于水解反应的快速进行物种（600）已经快速下降到 1.4% 左右，然后又相对慢速的随缩聚反应的进行，下降速度开始减缓。其他的 $Q(0)$ 物种均从 0 时刻开始上升，然后逐渐下降，变化趋势快慢顺序依次是 （510）>（420）>（330）>（240）>（150）>（060）。

　　图 3-31 为计算所得的 $Q(1)$ 物种（501），（411），（321），（231），（141）和（051）与时间的关系。从图 3-31 可以看出，$Q(1)$ 物种浓度随着 $Q(0)$ 物种的不断缩聚迅速增大，随后随着它向 $Q(2)$ 的转变而缓慢下降，直到其完全消失；相比图 3-25，物种浓度的变化趋势进一步整体提前，（051）物种浓度能达到的最大值进一步增大，另外，从图 3-31 可以看出的浓度趋势变化快慢顺序为 （231）>（321）>（411）>（501）。

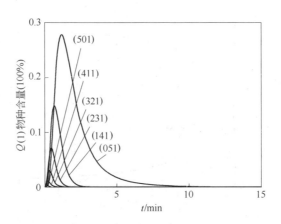

图 3 – 31 $Q(1)$ 物种 (501)，(411)，(321)，(231)，
(141) 和 (051) 与时间的关系

图 3 – 32 为计算所得 $Q(2)$ 物种 (402)，(312)，(222)，(132) 和 (042)
与时间的关系。从图可以看出，各物种含量呈现先快速增加后缓慢下降的趋势。
与图 3 – 26 相比，(042) 物种浓度最大值进一步增大，其他物种的分布规律为
(132) > (222) > (312) > (402)。

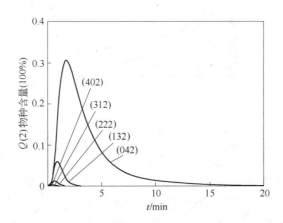

图 3 – 32 $Q(2)$ 物种 (402)，(312)，(222)，(132) 和 (042) 与时间的关系

图 3 – 33 为计算所得的 $Q(3)$ 物种 (303)，(213)，(123) 和 (033) 与时间
的关系。从图 3 – 33 可以看出，在 30min 内 $Q(3)$ 物种的含量先快速增大后缓慢
减小，与图 3 – 37 相比，其变化趋势进一步提前，(123)，(213) 和 (303) 物种
浓度最大值明显降低，(033) 物种浓度最大值明显升高。在反应进行到 30min
时，只有少量的 (033) 物种剩余，而其他物种基本全部消耗，可以看出的变化
快慢趋势与图 3 – 27 类似，(033) > (123) > (213) > (303)。

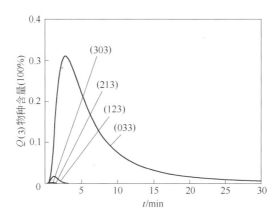

图 3-33　$Q(3)$ 物种 (303)，(213)，(123) 和 (033) 与时间的关系

图 3-34 为计算所得的 $Q(4)$ 物种 (204)、(114)、(024)，$Q(5)$ 物种 (105)、(015) 和 $Q(6)$ 物种 (006) 与时间的关系。在反应开始的 30min 内，$Q(4)$ 物种浓度先增大后减小；$Q(5)$ 物种浓度先增加而后缓慢下降；$Q(6)$ 物种浓度先以较慢的速度增长，后增长趋势变快。

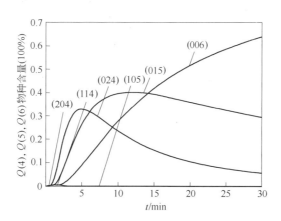

图 3-34　$Q(4)$ 物种 (204)、(114)、(024)，$Q(5)$ 物种 (105)、
(015) 和 $Q(6)$ 物种 (006) 与时间的关系

图 3-35 为计算所得各官能团的浓度 AlOR，AlOH 和 AlOAl 与时间的关系。

从图 3-35 可以看出 AlOR 在反应开始的 1min 内就几乎消耗完全，这时基本可以认为水解反应完全，水解产物 AlOH 的浓度增至 76% 左右，随后 AlOH 的脱水缩聚反应使 AlOH 的浓度降低，而 AlOAl 的浓度增大。将 AlOH 与 AlOAl 的浓度比为 1：2 的反应时刻看做反应的终点，则此时的反应终止时间为 5.03min。

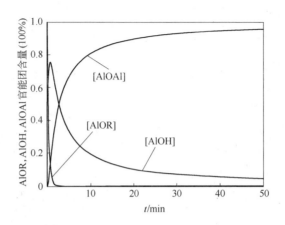

图 3 – 35　官能团的浓度 AlOR，AlOH 和 AlOAl 与时间的关系

3.5.1.5　原料比为 1 : 10 的水解过程模拟

对 25℃ 原料摩尔比为 1 : 10（$[Al(OR)_3]$ = 3.568mol/L，$[H_2O]$ = 35.680mol/L）的溶液体系进行模拟计算。

图 3 – 36 为计算所得的 $Q(0)$ 物种（600），（510），（420），（330），（240），（150），（060）与时间的关系。初始反应时 Al 原子全部以（600）的形式存在，反应进行到 0.1min 左右，由于水解反应的快速进行，物种（600）已经快速下降到 2.2% 左右，在 0.5min 左右就已完全消耗。其他的 $Q(0)$ 物种均从 0 时刻开始上升，然后逐渐下降，变化趋势快慢顺序依次是（510）>（420）>（330）>（240）>（150）>（060）。

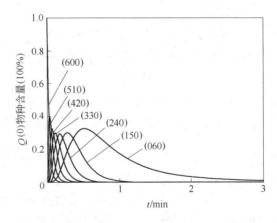

图 3 – 36　$Q(0)$ 物种（600），（510），（420），（330），（240），（150）和（060）与时间的关系

图 3 - 37 为计算所得的 $Q(1)$ 物种（501），（411），（321），（231），（141）和（051）与时间的关系。从图 3 - 37 可以看出，$Q(1)$ 物种浓度随着 $Q(0)$ 物种的不断缩聚迅速增大，随后随着它向 $Q(2)$ 的转变而缓慢下降，直到其完全消失；物种浓度的变化趋势进一步整体提前，（051）物种浓度能达到的最大值进一步增大，另外，从图 3 - 37 可以看出的浓度趋势变化快慢顺序为（231）>（321）>（411）>（501）。

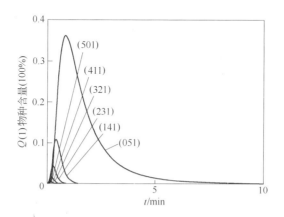

图 3 - 37　$Q(1)$ 物种（501），（411），（321），（231），（141）
和（051）与时间的关系

图 3 - 38 为计算所得 $Q(2)$ 物种（402），（312），（222），（132）和（042）与时间的关系。从图可以看出，各物种含量呈现先快速增加后缓慢下降的趋势。（042）物种浓度最大值进一步增大，其他物种浓度的最大值进一步减小，可以看出的物种浓度变化快慢趋势为（132）>（222）>（312）>（402）。

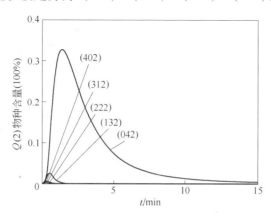

图 3 - 38　$Q(2)$ 物种（402），（312），（222），（132）
和（042）与时间的关系

图 3 – 39 为计算所得的 $Q(3)$ 物种（303），（213），（123）和（033）与时间的关系。从图 3 – 39 可以看出，在 30min 内 $Q(3)$ 物种的含量先快速增大后缓慢减小，其变化趋势进一步提前，（123），（213）和（303）物种浓度最大值明显降低，（033）物种浓度最大值明显升高。在反应进行到 30min 时，只有少量的（033）物种剩余，而其他物种基本全部消耗，可以看出的变化快慢趋势为（033）>（123）>（213）>（303）。

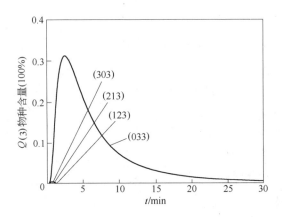

图 3 – 39 $Q(3)$ 物种（303），（213），（123）和（033）与时间的关系

图 3 – 40 为计算所得的 $Q(4)$ 物种（204）、（114）、（024），$Q(5)$ 物种（105）、（015）和 $Q(6)$ 物种（006）与时间的关系。在反应开始的 30min 内，$Q(4)$ 物种浓度先增大后减小；$Q(5)$ 物种浓度先增加而后缓慢下降；$Q(6)$ 物种浓度也在先以较慢的速度增长，后增长趋势变快。其趋势与图 3 – 34 基本相同，说明水浓度的进一步增大对最终物种浓度影响不大。

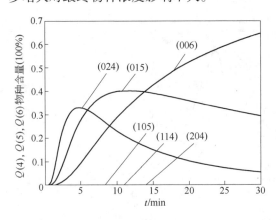

图 3 – 40 $Q(4)$ 物种（204）、（114）、（024），$Q(5)$ 物种（105）、（015）和 $Q(6)$ 物种（006）与时间的关系

图 3 – 41 为计算所得各官能团的浓度 AlOR，AlOH 和 AlOAl 与时间的关系。

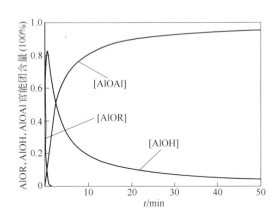

图 3 – 41 官能团的浓度 AlOR，AlOH 和 AlOAl 与时间的关系

从图 3 – 41 可以看出 AlOR 在反应开始的 1min 内就几乎完全消耗，这时基本可以认为水解反应完全，水解产物 AlOH 的浓度增至 84% 左右，随后 AlOH 的脱水缩聚反应使 AlOH 的浓度降低，而 AlOAl 的浓度增大。与图 3 – 35 变化趋势基本相同。将 AlOH 与 AlOAl 的浓度比为 1∶2 的反应时刻看做反应的终点，则此时的反应终止时间为 4.78min。

从以上模拟结果可以知道，当水的浓度增加时，会使水解反应速率明显加快，从而使开始产生的 AlOH 的浓度迅速增大，这又会使随后的缩聚反应速率增大，这些反应速率的增大会使整个反应更快地到达反应终点。水浓度的增大还会使反应过程中 Al(OR)₃ 更趋于水解完全，即对水解的影响较大，若水含量不足，最后会有 AlOR 因水解不充分而产生剩余。在一定范围内，水浓度增大会使缩聚反应的反应终点提前，但是若水浓度过大后，再增大水的浓度，对后续的缩聚反应到达终点时间的影响不大。

3.5.1.6 反应终止时间与反应物初始浓度比的关系

根据上面得到的反应终止时间与反应物初始浓度比的关系，使用式（3 – 34）对其进行拟合，得到的拟合结果见图 3 – 42。

$$t = \frac{A}{C \cdot \ln(B \cdot k_c + 1)} \tag{3-34}$$

式中，t 为反应终止时间；C 为异丙醇铝的初始浓度，此处取 $C = 3.568\text{mol/L}$；k_c 为相应的水与异丙醇铝的摩尔比；A、B 为常数。

拟合结果显示 $A = 60.5038\text{min} \cdot \text{mol/L}$，$B = 4.0933$，相关系数 $R^2 = 0.9886$。

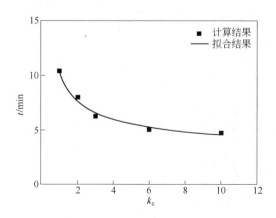

图 3 – 42   反应终止时间与浓度的关系

3.5.2   温度的影响

使用 3.4 节得到的速率常数方程，求出 10℃，20℃，30℃，40℃，50℃下各水解缩聚反应速率常数。然后使用这些常数模拟原料摩尔比为 1∶3（[Al(OR)$_3$] = 3.568mol/L，[H$_2$O] = 10.704mol/L）的溶液体系的水解过程，对比官能团浓度与时间的关系曲线，见图 3 – 43。

从图 3 – 43 可以看出，随着水解温度的升高，反应进程加快，基团浓度整体变化趋势提前，AlOH 的最大浓度逐渐降低。考虑到异丙醇铝的最终产物为拟薄水铝石相[7]（AlOOH），所以可以将 AlOH 与 AlOAl 的浓度比为 1∶2 的反应时刻看做反应的终点，计算所得各温度下的反应终点见图 3 – 44，对图 3 – 44 中的数据使用式（3 – 35）进行拟合所得结果见图 3 – 44。

$$t = a \cdot (e^{\frac{b}{T}} - 1) \qquad\qquad (3-35)$$

拟合结果显示 $a = 2.707 \times 10^{-14}$min，$b = 9857.986$K，相关系数 $R^2 = 1$。

已知反应物的初始浓度与反应温度对于反应终止时间为两个独立的变量，整合上述得到的反应终止时间与反应物初始浓度的关系和反应终止时间与反应温度的关系，反应终止时间 t 可以表示为：

$$t = \frac{D \cdot (e^{\frac{b}{T}} - 1)}{C \cdot \ln(B \cdot k_c + 1)} \qquad\qquad (3-36)$$

式中，T 为反应温度，K；C 为异丙醇铝的初始浓度，mol/L；k_c 为水与异丙醇铝初始浓度的摩尔比；b、B、D 为常数，$b = 9789.4397$K，$B = 4.0933$，$D = 3.1852 \times 10^{-13}$min·mol/L。

由于反应速度与反应时间二者呈倒数关系，由式（3 – 36）即可知反应速度

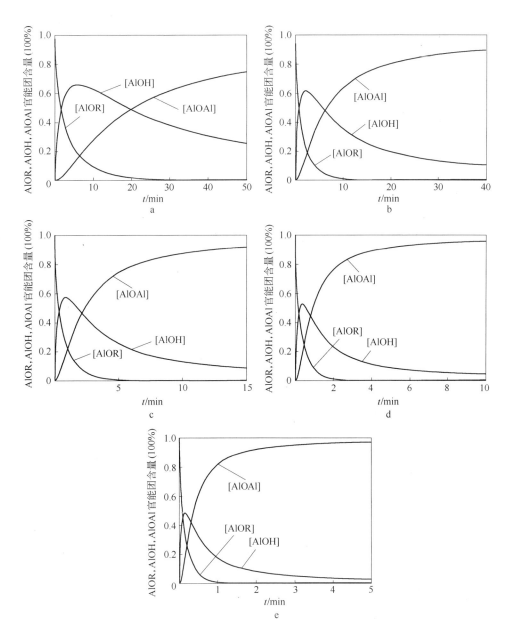

图 3-43 不同温度下官能团浓度与时间的关系

a—10℃；b—20℃；c—30℃；d—40℃；e—50℃

受温度、初始反应物异丙醇铝浓度以及异丙醇铝与水摩尔比的影响，其中反应速度与温度间呈幂指数关系、与初始反应物异丙醇铝浓度间呈线性关系，与异丙醇铝与水摩尔比间呈对数关系。

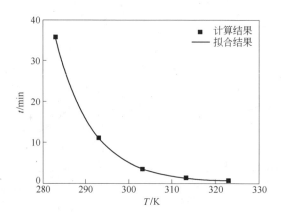

图 3 – 44 反应终止时间与温度的关系

3.6 减压条件下异丙醇–水体系相平衡研究

在醇盐法制备高纯氧化铝的过程中，水解干燥过程是在减压条件下进行的。为提高干燥效率，同时避免减压过程中异丙醇与水随抽真空过程带入到真空泵中，造成物料损耗及对真空泵的损害，有必要对减压条件下异丙醇–水体系相平衡进行研究。

3.6.1 相平衡研究基本原理

当气液两相达到相平衡时，气液两相温度压力相等，同时任一组分在各相中的逸度相等，即：

$$f_i^v = f_i^L \qquad\qquad (3 - 37)$$

式中

$$f_i^v = \Phi_i^v y_i p$$

$$f_i^L = r_i x_i f_i^0 \qquad\qquad (3 - 38)$$

对低压条件下的气液平衡，可以将气相看做理想气体混合物，即气相逸度系数 $\Phi_i^v = 1$，忽略压力对液体逸度的影响，即 $f_i^0 = p_i^0$，从而得出低压下气液平衡关系式：

$$p y_i = \gamma_i x_i p_i^0 \qquad\qquad (3 - 39)$$

式中 p——体系总压；

p_i^0——纯组分 i 在平衡温度下的饱和蒸汽压（可用 Antoine 公式计算）；

x_i，y_i——组分 i 在液相、气相中的摩尔分数；

γ_i——组分 i 的液相活度系数。

Antoine 公式[8]：

$$\lg p_i^0 = A_i - \frac{B_i}{C_i + t} \qquad\qquad (3 - 40)$$

式中，压力单位为 mmHg（1mmHg = 133.322Pa），温度单位为℃。

在相平衡计算领域中，热力学中对相平衡的计算提供了两种处理方法：状态方程法[9]（EOS 法）和活度系数法[10]。其中，状态方程法适用于常压和加压下的气液平衡计算，同时在对极性物种、大分子化合物和电解质体系中难以应用。因此，在计算减压条件下的异丙醇 – 水二元体系相平衡需要采用活度系数法。

活度系数与超额 Gibbs 自由能关系式为：

$$\ln\gamma_i = \left[\frac{\partial(nG^E/RT)}{\partial n_i}\right]_{T,p,n_{j\neq i}} \tag{3-41}$$

所有的活度系数模型都是通过这个关系式导出的。溶液的超额 Gibbs 自由能不仅跟温度压力有关，还跟溶液的组成有关。理论上不能得到通用 G_E，T，p，x_i 间的关系。对于实际的溶液一般对引起溶液非理想性的次要原因部分进行简化和忽略，结合经验提出半经验半理论的 G_E 表达式。这些式中的待定参数通过实验测量得到。具有代表性的模型有如下几种：正规溶液模型[11,12]；Wohl 型方程[13]；Redlish-Kister 经验式[14]；无热溶液模型[15] 和局部组成型方程[16]。

局部组成型方程在对活度系数值 γ_i 进行关联时，一般采用过量自由焓模型，常用的有 Wilson 方程[17]，NRTL 方程[18] 或 UNIQUAC 方程[19]。这类半经验的热力学模型在描述溶液的非理想性时，引入了局部组成的概念，以威尔逊（Wilson）方程与 NRTL 方程为代表，采用了似晶格模型理论和胞腔理论[20]。

3.6.1.1 Wilson 方程

基于分子的考虑，Wilson 在 19 世纪 60 年代提出了下列二元溶液过量自由焓的表达式：

$$\frac{g^E}{RT} = -x_1\ln(x_1 + \Lambda_{12}x_2) - x_2\ln(x_2 + \Lambda_{21}x_1) \tag{3-42}$$

由此可以导出活度系数方程：

$$\ln\gamma_1 = -\ln(x_1 + \Lambda_{12}x_{12}) + x_2\left(\frac{\Lambda_{12}}{x_1 + \Lambda_{12}x_2} - \frac{\Lambda_{21}}{\Lambda_{21}x_1 + x_2}\right) \tag{3-43}$$

$$\ln\gamma_2 = -\ln(x_2 + \Lambda_{21}x_1) + x_1\left(\frac{\Lambda_{12}}{x_1 + \Lambda_{12}x_2} - \frac{\Lambda_{21}}{\Lambda_{21}x_1 + x_2}\right) \tag{3-44}$$

$$\Lambda_{12} = \frac{V_2}{V_1}\exp\left(-\frac{\lambda_{12} - \lambda_{11}}{RT}\right) \tag{3-45}$$

$$\Lambda_{21} = \frac{V_1}{V_2}\exp\left(-\frac{\lambda_{21} - \lambda_{22}}{RT}\right) \tag{3-46}$$

在式（3-42）中，过量自由焓是以拉乌尔定律意义上的理想溶液作为基准定义的。式（3-42）服从当 x_1 或 x_2 变成零时 g^E 等于零的边界条件。在 Wilson 的推导中，Wilson 方程有 Λ_{12} 和 Λ_{21} 两个可调参数，它们与纯组分的摩尔体积和特征能之差相关。式中 V_i 为纯组分 i 的摩尔液体体积；λ 为由下标指明的分子之间的相互作用能。作为合理近似，特征能之差至少在中等温度范围内可认为与温度无关，因此，Wilson 方程不仅给出了活度系数与组成的关系表达式，而且也给出了活度系数随温度变化的一种估算。在精确的工作中，认为$(\lambda_{12}-\lambda_{11})$ 和 $(\lambda_{12}-\lambda_{22})$ 与温度有关，但是在很多情况下这种相关性可以忽视，而不会有严重的误差。

Wilson 方程只适用于完全互溶的液体系统，对于有限互溶则不适用。

3.6.1.2 NRTL 方程

Renon[21] 和 Pausnitz[22] 在 1968 年推导出了 NRTL（非随机两流体）方程，它是从 Wilson 方程演变来的，可以同时适用于部分互溶及完全互溶系统，过量自由焓的 NRTL 方程是：

$$\frac{g^E}{RT} = x_1 x_2 \left(\frac{\tau_{21} G_{21}}{x_1 + x_2 G_{21}} + \frac{\tau_{12} G_{12}}{x_2 + x_1 G_{12}} \right) \tag{3-47}$$

$$\tau_{12} = \frac{g_{12} - g_{22}}{RT} \tag{3-48}$$

$$\tau_{21} = \frac{g_{21} - g_{11}}{RT} \tag{3-49}$$

$$G_{12} = \exp(-\alpha_{12} \tau_{12}) \tag{3-50}$$

$$G_{21} = \exp(-\alpha_{21} \tau_{21}) \tag{3-51}$$

式中，g_{ij} 的含义与 Wilson 方程中 λ_{ij} 相似，g_{ij} 是一个表征 $i-j$ 相互作用的能量参数；参数 α_{12} 为零时，混合物完全随机。NRTL 方程包含三个参数，α_{ij} 在实际应用中只作为一个参数的回归。

3.6.1.3 UNIQUAC 方程

UNIQUAC 方程模型是由 Abarms[23] 和 Pruanstiz[24] 在 19 世纪 70 年代提出的，它也是一种局部组成方程，既保持 Wilson 方程的优点，又不限于完全互溶的混合物，它将非随机混合 Guggenheim 似化学理论推广到分子大小不同的溶液。

与组分的活度系数有密切关系的超额 Gibbs 自由能可以分为两个组成部分，一个为组合部分，另一个为剩余部分，即：

$$\frac{g^E}{RT} = \left(\frac{g^E}{RT} \right)_{组合} + \left(\frac{g^E}{RT} \right)_{剩余} \tag{3-52}$$

$$\left(\frac{g^E}{RT} \right)_{组合} = x_1 \ln \frac{\Phi_1^*}{x_1} + x_2 \ln \frac{\Phi_2^*}{x_2} + \frac{z}{2} \left(x_1 q_1 \ln \frac{\theta_1}{\Phi_1^*} + x_2 q_2 \ln \frac{\theta_2}{\Phi_2^*} \right) \tag{3-53}$$

$$\left(\frac{g^E}{RT} \right)_{剩余} = -x_1 q_1' \ln (\theta_1' + \theta_2' \tau_{21}) - x_2 q_2' \ln (\theta_2' + \theta_1' \tau_{12}) \tag{3-54}$$

组合部分仅取决于组成和分子的大小及形状，剩余部分取决于分子间力。UNIQUAC 方程适用于含有非极性或极性流体的各种非电解质液体混合物。此方法的主要优点是：（1）比较简单，仅用到两个可调参数；（2）应用范围比较广。

基团贡献法最早是在 19 世纪 60 年代由 Langrnuir[25] 提出的，Wilson 和 Deal 基于基团贡献思想提出和建立了预测活度系数的方法，例如 ASOG 法[26]、UNIFAC 法[27]、AGSM 法[28]、DISQUAC 法[29]、CRG 法[30] 和 SUPERFAC 法[31] 等。基团贡献法的适用范围，取决于所研究分子的特性和基团的划分方式以及溶液理论模型的选择。在基团贡献法中，最常用的是 UNIFAC 法。

UNIFAC 模型是结合 UNIQUAC 模型与基团解析法推导出来的。Fredenslund[32] 引用 UNIQUAC 模型的基本形式，将活度系数 γ_i 表示成由组合项和剩余项构成，组合项是熵对活度的贡献，与分子的形状和大小有关；剩余项是焓对活度的贡献，含有能量参数。模型可以表示为：

$$\ln\gamma_i = \ln\gamma_i^C + \ln\gamma_i^R \qquad\qquad (3-55)$$
$$\qquad\qquad 组合项\quad 剩余项$$

两个部分都以 UNIQUAC 方程为基础，除了基团相互作用的参数外，还包含有基团体积参数 R_k 和基团面积参数 Q_k。

A　组合项活度系数 γ_i^c

直接采用 UNIQUAC 模型中的组合活度系数计算：

$$\ln\gamma_i^c = \ln\frac{\varphi_i}{x_i} + \frac{z}{2}q_i\ln\frac{\theta_i}{\varphi_i} + (1-\varphi_i)\left(l_i - \frac{r_i}{r_{1-i}}l_i\right) \qquad (3-56)$$

$$l_i = \frac{z}{2}(r_i - q_i) - (r_i - 1) \qquad\qquad (3-57)$$

式中，配位数 z 取为 10；x_i 为溶液中组分 i 的摩尔分数，θ_i 和 φ_i 分别是表面积分数和体积分数，按下式计算：

$$\theta_i = \frac{q_i x_i}{\sum\limits_j q_j x_j} \qquad\qquad (3-58)$$

$$\varphi_i = \frac{r_i x_i}{\sum\limits_j r_j x_j} \qquad\qquad (3-59)$$

式中，q_i 与 r_i 为纯组分 i 的结构参数，分别由构成该组分的各基团的相应参数叠加而得：

$$q_i = \sum v_k^{(i)} Q_k \qquad\qquad (3-60)$$
$$r_i = \sum v_k^{(i)} R_k \qquad\qquad (3-61)$$

式中，$v_k^{(i)}$ 为 i 组分中所含基团 k 的个数；计算 γ_i^c 需要的数据是所涉及基团的 R_k 和 Q_k 值，这类微观参数可由 Bondi 给出的 van der Waals 关系求出。

B　剩余活度系数 γ_i^R

UNIFAC 模型假设剩余部分是溶液中每一个基团所起作用减去其在纯组分中

所起作用的总和。其关联式与 ASOG 模型完全相同，即：

$$\ln r_i^R = \sum_{i=1}^{m} v_k^{(i)} \left[\ln \Gamma_k - \ln \Gamma_k^{(i)} \right] \tag{3-62}$$

式中，Γ_i 是基团 k 的剩余活度系数；$\Gamma_k^{(i)}$ 是纯组分 i 中基团 k 的活度系数的剩余活度系数和 UNIQUAC 模型中 γ_i^R 的式子完全相同。只是将各项改用相应的基团参数来代替，即

$$\ln \Gamma_k = Q_k \left[1 - \ln \left(\sum_{j=1}^{m} \bar{\theta}_j \Psi_{jk} - \sum_{j=1}^{m} \frac{\theta_j \overline{\Psi_{kj}}}{\sum\limits_{n=1}^{m} \bar{\theta}_n \psi_{nj}} \right) \right] \tag{3-63}$$

式中，j 和 $n = 1$，2，$\cdots$，N（所有的基团）。

式中，$\theta_j^{(i)}$ 为基团 j 的表面积分数，定义为：

$$\bar{\theta}_j = \frac{Q_j X_j}{\sum\limits_{n=1}^{m} Q_n X_n} \tag{3-64}$$

式中，Q_j 为基团 j 的表面积参数；X_j 为基团 j 在溶液中的基团分数，其定义为：

$$X_j = \frac{\sum\limits_{i=1}^{c} v_j^{(i)} x_i}{\sum\limits_{i=1}^{c} \sum\limits_{k=1}^{m} v_k^{(i)} x_i} \tag{3-65}$$

式中，x_i 为溶液中 i 组分的摩尔分数；$v_j^{(i)}$ 为分子 i 组分中基团 j 的数目。式（3-63）中 Ψ_{jk} 和参数 Ψ_{kj} 称为基团相互作用参数。

$$\Psi_{jk} = \exp \left(-\frac{a_{jk}}{T} \right) \tag{3-66}$$

$$\Psi_{kj} = \exp \left(-\frac{a_{kj}}{T} \right) \tag{3-67}$$

式中，T 为体系温度；a_{jk} 和 a_{kj} 表示基团 j 和基团 k 之间相互作用能与两个 k 基团之间相互作用能差异的度量，其单位为 K，且 $a_{jk} \neq a_{kj}$ 该值由大量 VLE 实验回归而得。UNIFAC 的适用范围比较广。

3.6.2 计算结果

图 3-45 给出了分别利用 NRTL、Wilson、UNIFAC 三种方法计算的 10132.5 ~ 101325Pa（0.1~1atm）10 个压强下异丙醇 – 水的 $T-x$ 相图。

从 3-45 图中可以清晰看出三种计算方法下每个真空度下的相图总体趋势基本相同，每个压强下体系都有最低的共沸点，并且共沸点组成基本相近，随着压强的升高，整个二元体系相图呈现整体上移趋势，即向温度升高的方向移动，因而共沸点处的温度亦随之升高，且温度的变化值随着压强的升高而呈减小趋势。

随着压强从10132.5Pa升高到101325Pa，共沸温度由30℃左右升高到80℃左右。

从图3-45还可以看出三种计算方法获得的减压条件下异丙醇-水 T-x 相图也存在着一定的差异，这主要表现在UNIFC方法上。由NRTL和Wilson两种方法计算的相图形状基本相同，而由UNIFAC方法计算的相图在共沸点右侧，液相线在很窄的温度范围内呈近似水平直线，当组成中水含量超过80%，开始呈很陡的上升趋势。三种方法的这种计算差异与三种方法采用的过量自由焓模型不同有关。

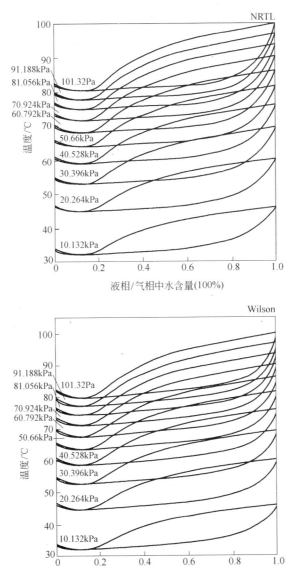

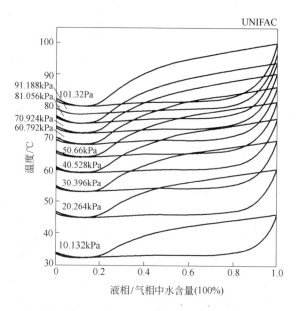

图 3 – 45   减压下异丙醇 – 水的 $T - x$ 相图

图 3 – 46 给出了分别利用 NRTL、Wilson、UNIFAC 三种方法计算的 10132.5 ~ 101325Pa 10 个压强下异丙醇 – 水的 $y - x$ 相图。

从图 3 – 46 可以看出，不同压强下 $y - x$ 相图的趋势基本相近，气液相组成含水量均在 13% 左右与对角线重合，说明此处为气液相组成相同点，也即共沸点。共沸点右侧随着液相中含水量的增大，对应气相的组成变化开始阶段变化的幅度并不大，当液相含水量达到 80% 以上，气相组成开始发生明显变化，其水含量呈快速上升趋势。从图中还可以看出压强越小的相线越靠近对角线，压强为 101325Pa 的相线偏离对角线最远。此外，从三幅图中还可以看出 UNIFAC 法与其他两种方法计算结果的差异。由 UNIFAC 方法计算的相图中共沸点右侧相图随液相含水量增大，对应气相组成几乎不变。

图 3 – 47 给出了三种方法计算的不同压强下共沸点组成的变化曲线。从图中可以看出随着压强从 10132.5Pa 升高到 101325Pa，异丙醇 – 水体系的共沸组成异丙醇含量在 87% 到 89% 范围内变化，其中 NRTL 方法计算结果偏低，而 Wilson 方法计算结果偏高，UNIFAC 方法计算结果介于二者之间。从图 3 – 47 还可以看出，NRTL 和 Wilson 两种方法计算的共沸点组成随着压强的升高共沸组成中水的含量逐渐升高，而 UNIFAC 方法计算的共沸点组成中水含量则随着压强升高呈现先下降后升高的现象。尽管三种计算方法获得的结果有一定的差异，但从计算结果看，随压强变化共沸点组成变化并不大。

图 3 – 48 给出了三种方法计算的不同压强下共沸点温度的变化曲线。从图

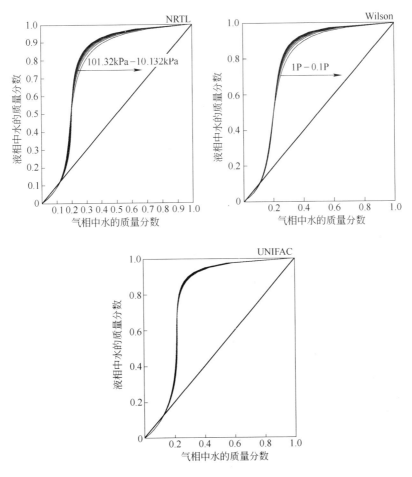

图 3 - 46　减压下异丙醇 - 水的 y - x 相图

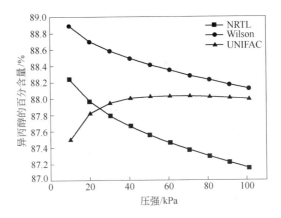

图 3 - 47　异丙醇 - 水体系共沸点组成与压强的关系

3 - 48 可以看出随着压强由 10132.5Pa 升高到 101325Pa，共沸温度由 32℃左右升高到 80℃左右，且越接近常压，温度的变化幅度越小。从图中还可以看到，三种方法计算的不同压强下共沸点温度变化曲线基本重合。

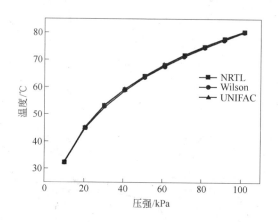

图 3 - 48   异丙醇 - 水共沸点温度与压强的关系

由对异丙醇 - 水体系减压条件下计算结果表明，异丙醇 - 水体系共沸点组成随压强变化不大，但共沸点温度随压强变化幅度较大；此外，在 $T - x$ 相图中共沸点组成左侧，随组成变化，沸点温度与共沸点温度接近，而在共沸点组成右侧，随组成中水含量的增大，沸点温度与共沸点温度间存在较大温度差。基于上述结果，在醇盐法制备氧化铝的工业生产中，需要选择合适的真空条件及溶液组成才能保证在缩短干燥时间前提下实现醇的回收利用。

参 考 文 献

[1] 罗伍文. 金属醇盐的合成和应用研究 [N]. 中国建材研究院玻璃所研究总结报告, 1990.

[2] Roger A. Assink, Bruce D Kay. Sol-gel kinetics Ⅰ. Functional group kinetics [J]. Journal of Non-Crystalline Solids, 1988, 99 (2~3): 359~370.

[3] Roger A. Assink, Bruce D Kay. Sol-gel kinetics Ⅱ. Chemical speciation modeling [J]. Journal of Non-Crystalline Solids, 1988, 104 (1): 112~122.

[4] Roger A. Assink, Bruce D Kay. Sol-gel kinetics Ⅲ. Test of the statistical reaction model [J]. Journal of Non-Crystalline Solids, 1988, 107 (1): 35~40.

[5] 王明华, 徐瑞钧, 周永秋, 等. 普通化学 [M]. 北京: 高等教育出版社, 2002.

[6] 陈越, 金一庆. 数值方法 [M]. 北京: 机械工业出版社, 2000.

[7] 江琦, 雷蕾. 醇盐水解 - 水热法制备高结晶度纳米氢氧化铝 [J]. 材料导报, 2008, 22 (专辑Ⅱ): 23~25.

[8] Lindvig Thomas, Michelsen Michael L, Kontogeorgis Georgios. A Flory-Huggins model based on the Hansen solubility parameters [J]. Fluid Phase Equilibria. 2002, 203: 247~260.

［9］Achar C, Dussap C G, Gros J B. Representation of vapour-liquid equilibria in water-alcohol-elec-
trolyte mixtures with a modified UNIFAC group-contribution method［J］. Fluid Phase Equilibria,
1994, 98: 71～89.

［10］Peiming Wang, Andrzej, Anderko, Robort D. Young. A speciation-based model for mixed-sol-
vent electrolyte systems［J］. Fluid Phase Equilibria, 2002, 203: 141～176.

［11］Fredenslund As, Jones R L, Prausnitz J M. Group contribution estimation of activity coefficients
in nonideal liquid mixtures［J］. AIChE J, 1975, 21: 1086～1099.

［12］严新焕、王琦、陈赓华, 等. UNIFAC 基团贡献法预测加压下二元共沸点［J］. 燃料化
学报, 1996, 4（2）: 114～117.

［13］张鹏、王琨、张喻, 等. UNIFAC 基团贡献法估算甲醇－碳酸二甲酯的气液相平衡［J］.
化工科技, 2003, 11（5）: 32～35.

［14］陈裴、朱自强、姚善泾. 异丙醇－水－盐体系气液平衡数据的测定［J］. 浙江大学学报
（工学版）, 1986, 20（3）: 113～118.

［15］崔志娱、李志伟、高正虹, 等. 水－1, 2－丙二醇二元体系在101. 325kPa 下的气液平衡
［J］. 高校化学工程学报, 1994, 12（4）: 374～378.

［16］王洪海、方静、李春利, 等. 乙醇/丙醇－水－复合溶剂体系汽液平衡研究［J］. 化学
工程, 2009, 11（11）: 40～43.

［17］Gmehling J, Onken U, Arlt W. Vapor-liquid equilibrium data collection［M］. Frandfurt-
dechema chemistry data series, 1977.

［18］约翰 M. 普劳斯尼茨（美）、吕迪格 N. 利希滕特勒（德）、埃德蒙多·戈梅斯·德阿泽
维多（葡）. 流体相平衡的分子热力学, 原著第三版［M］. 北京: 化学工业出版社,
2005, 149.

［19］Hossein Mahmoudjanloo, Amir A Izadpanah, Shahriar Osfouri, et al. Modeling liquid-liquid
and vapor-liquid equilibria for the hydrocarbon + N-for mylmorpholine system using the CPA
equation of state［J］. Chemical Engineering Science, 2013, 98: 152～159.

［20］Weiton T. Roomtem perature ionic liquids. Solvents for synthesis and catalysis［J］. Chem. Rev,
1999, 99（8）: 2071～2083.

［21］Walden P B. Molecular weights and electrical conductivity of several fused salts［J］. Bull
Acad. Imper Sci. , 1914, 1800: 405～422.

［22］In-Seok Yeo, Kyung-Hee Lim. An extended critical-scaling equation with a nonlinear order pa-
rameter and its use for the fits to vapor/liquid equilibria［J］. Journal of Industrial and Engi-
neering Chemistry, 2013, 1694: 8～14.

［23］Rui Sun, Shaocong Lai, Jean Dubessy. Calculation of vapor-liquid equilibrium and PVTx proper-
ties of geological fluid system with SAFT-LJ EOS including multi-polar contribution. Part III. Ex-
tension to water-light hydrocarbons systems［J］. Science Direct, 2014, 125: 504～518.

［24］A Bader. The influence of non-ideal vapor-liquid equilibrium on the evaporation of ethanol/iso-
octane droplets［J］. International Journal of Heat and Mass Transfer. 2013, 64: 547～558.

［25］Kikic I, Fermeglia M, Rasmussen P. UNIFAC prediction of vapor-liquid equilibria in mixed sol-
vent-salt systems［J］. Chem. Eng. Sci, 1991, 46: 2775～2780.

[26] Xueqiang Dong. Experimental measurement of vapor pressures and (vapor + liquid) equilibrium for {1,1,1,2-tetrafluoroethane(R134a) + propane(R290)} by a recirculation apparatus with view windows [J]. Chem. Thermodynamics, 2011, 43: 505 ~ 510.

[27] Isabel C Arango, Aída L Villa. Isothermal vapor-liquid and vapor-liquid-liquid equilibrium for the ternary system ethanol + water + diethyl carbonate and constituent binary systems at different temperatures [J]. Fluid Phase Equilibria , 2013, 339: 31 ~ 39.

[28] Ulrich K Deiters. Calculation of the apparent heat capacity in scanning calorimetry experiments on fluid phase equilibria [J]. J. of Supercritical Fluids, 2012, 66: 66 ~ 72.

[29] Romain Privat. A simple and unified algorithm to solve fluid phase equilibria using either the gamma-phi or the phi-phi approach for binary and ternary mixtures [J]. Computers and Chemical Engineering, 2013, 50: 139 ~ 151.

[30] Romain Privat. Classification of global fluid-phase equilibrium behaviors in binary systems [J]. Chemical Engineering Research and Design, 2013, 91 (10): 1807 ~ 1839.

[31] Michael Krummen. Measurement and correlation of vapor-liquid equilibria and excess enthalpies of binary systems containing ionic liquids and hydrocarbons Ryo Kato [J]. Fluid Phase Equilibria, 2004, 224 (1): 47 ~ 54.

[32] Ioannis Tsivintzelis. Modeling of fluid phase equilibria with two thermodynamic theories: Non-random hydrogen bonding (NRHB) and statistical associating fluid theory (SAFT) [J]. Fluid Phase Equilibria, 2007, 253 (1): 19 ~ 28.

4 异丙醇铝水解制备高纯氧化铝粉体性能

采用不同的方法制备氧化铝粉体过程中，所生成的氧化铝前驱体往往不同，从而造成其红外吸收特性、热分解行为、微观结构及粉体性能等也存在明显的区别。在传统拜耳法生产氧化铝粉体的过程中，由铝酸钠溶液中析出的氢氧化铝晶体结构为三水铝石，在煅烧过程中将经历 $\chi\text{-}Al_2O_3 \rightarrow \kappa\text{-}Al_2O_3 \rightarrow \alpha\text{-}Al_2O_3$ 的相转变，其最终粉体的微观形貌多为块体结构；而由一水硬铝石煅烧则可直接转变为 $\alpha\text{-}Al_2O_3$，其微观形貌也呈不规则的块体形状，但粉体颗粒较大；采用碳酸铝铵热分解法获得的氧化铝粉体则呈球形，颗粒较小，分散性好，碳酸铝铵在热分解过程中将经历由无定型 $\rightarrow \gamma\text{-}Al_2O_3 \rightarrow \alpha\text{-}Al_2O_3$ 相的转变过程。异丙醇铝水解法制备高纯氧化铝粉体过程中，水解产物为拟薄水铝石，在煅烧过程中将经历由拟薄水铝石 $\rightarrow \gamma\text{-}Al_2O_3 \rightarrow \delta\text{-}Al_2O_3 \rightarrow \theta\text{-}Al_2O_3 \rightarrow \alpha\text{-}Al_2O_3$ 相的转变过程，其微观形貌则经历了由折叠纳米片交织在一起的团絮结构向哑铃型颗粒转变过程。

4.1 IR 光谱分析

采用 KBr 压片法。利用傅里叶红外光谱分析方法对异丙醇铝、异丙醇铝水解产物及水解产物在不同温度下煅烧所获得的产物进行 IR 测试，获得了异丙醇铝、异丙醇铝水解产物及煅烧产物的 IR 光谱图。

图 4 – 1 为异丙醇铝的 IR 光谱图。其中 3427cm^{-1} 左右宽吸收峰对应 H—O 键

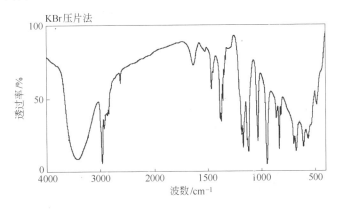

图 4 – 1　异丙醇铝的红外光谱图

伸缩振动吸收谱带，2997cm^{-1}、2971cm^{-1}、2867cm^{-1}、2846cm^{-1}、1386cm^{-1}、1374cm^{-1}左右吸收峰为异丙基骨架特征吸收峰，1035cm^{-1}吸收峰为与 Al 相连的C—O 伸缩振动峰，614cm^{-1}吸收峰为 Al—O 键的不对称振动峰[1,2]。

异丙醇铝 IR 光谱图中 H—O 键的伸缩振动峰是由于异丙醇铝在 KBr 压片过程中异丙醇铝表面与空气中的水分接触发生水解造成的。对异丙醇铝 IR 光谱分析可知异丙醇铝中存在 Al—O 基、异丙基和 Al—O—C 基官能团。

图 4 - 2 为异丙醇铝水解产物——氢氧化铝的 IR 光谱图。图中3460cm^{-1}左右处为 H—O 键伸缩振动吸收谱带，1630cm^{-1}左右处为 H—O 键弯曲振动吸收谱带，这表明水解产物中含有一定量的吸附水；1062cm^{-1}左右处为结构水的弯曲振动，表明水解产物中含有结构水。610cm^{-1}左右处为 Al—O 键的不对称振动。以上分析表明异丙醇铝水解产物中存在 Al、O、—OH 多面体[3]。

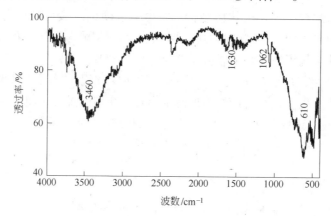

图 4 - 2　水解产物氢氧化铝的 IR 光谱图

有文献研究了三水铝石和一水硬铝石的 IR 光谱图，分别见图 4 - 3 和图 4 - 4。

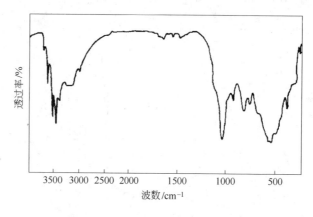

图 4 - 3　三水铝石的 IR 光谱图

其中图 4 - 3 为三水铝石的 IR 光谱图。在高频区的 3626cm^{-1}、3530cm^{-1}、3460cm^{-1}、3302cm^{-1} 四个吸收带是三水铝石羟基伸缩振动，中低频区的 1020cm^{-1}、914cm^{-1}、800cm^{-1}、744cm^1 等吸收带属于它的羟基弯曲振动，560cm^{-1} 处的宽吸收带为 Al—O 伸缩振动峰[4]。图 4 - 4 为不同地区一水硬铝石矿物的 IR 光谱图。其 OH 键振动波数较大，为 1071cm^{-1}、1075cm^{-1}，而 Al—O 伸缩振动的峰则较宽，约在 565cm^{-1} 范围[5]。

将图 4 - 2 与图 4 - 3、图 4 - 4 进行对照，可以看出，三种氢氧化铝的 IR 光谱图存在明显的区别，首先是它们的 H—O 伸缩振动峰位置不同，其次是 Al—O 键振动峰位置的不同，此外吸收峰的个数也存在明显差异。三个谱图对照表明，异丙醇铝水解产物的晶体结构应与三水铝石和一水硬铝石完全不同。

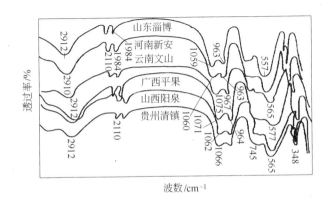

图 4 - 4　一水硬铝石的 IR 光谱图

图 4 - 5 为异丙醇铝水解产物经不同煅烧温度下煅烧获得产物的 IR 光谱图。

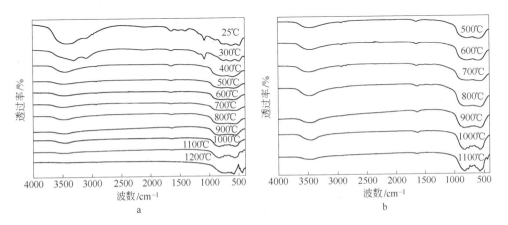

图 4 - 5　不同煅烧温度获得产物的 IR 光谱图

图 4 – 5 中 3450cm^{-1}附近的吸收峰为样品吸附水的对称伸缩振动吸收峰。由图 4 – 5a 可以看到随着焙烧温度的升高，此吸收峰逐渐变弱，到 1200℃ 基本消失。2920cm^{-1}附近出现的是吸附水的反对称伸缩振动吸收峰，除了 300℃ 前样品中出现该峰外，其余样品均在此处没有出现振动峰，表明当煅烧温度提高到 400℃ 以上，吸附水含量明显减少。1640cm^{-1}附近为水的变形振动吸收峰，除 1200℃ 样品该吸收峰几乎没有之外，其余样品随煅烧温度提高该吸收峰呈明显下降趋势。这说明 1200℃ 的样品由于部分晶粒长大，比表面积减小，从而对水的吸附量减少，这同后面的 TEM 的结果相一致。而其余样品随着煅烧温度的提高，其比表面积下降，对水的吸附量也相应减少，从而表现出吸收峰的下降趋势。1062cm^{-1}左右处为结构水的弯曲振动，在 500℃ 以前该峰存在，500℃ 之后该峰全部消失，表明 500℃ 前产物中结构水已经脱出，达到 500℃ 后完全转变为氧化铝。

1000 ~ 400cm^{-1}之间为 Al—O 键的振动吸收，从图 4 – 5b 可以清晰地看到在 400℃ 前峰形相近。400 ~ 900℃ 之间的峰形相近，但随煅烧温度的提高，Al—O 键的振动吸收谱图发生蓝移。当煅烧温度达到 900℃ 以上，1000 ~ 400cm^{-1}之间的谱图发生明显的变化，一些精细的峰开始出现，同时峰出现的位置也有明显的差异，这是由于在此阶段，产物发生了相结构的变化。

而 400 ~ 900℃ 出现谱图蓝移现象的原因，实质上是分子振动频率变化的结果，分子振动频率 $\tilde{\nu}$（用波数表示）的大小由式（4 – 1）决定。

$$\tilde{\nu} = \frac{1}{2\pi c}\sqrt{\frac{k}{\mu}} \qquad (4-1)$$

式中，c 为光速；μ 为两个原子的折合相对原子质量，即：

$$\mu = \frac{M_1 M_2}{M_1 + M_2} \qquad (4-2)$$

若 k 为化学键力常数，以 N/cm 为单位，μ 以原子质量单位为单位，可以进一步得到：

$$\tilde{\nu} = 1307\sqrt{\frac{k}{\mu}} \qquad (4-3)$$

由此可知，影响分子振动频率的直接因素是化学键力常数和折合相对原子质量。由 500℃ 到 900℃ 之间 Al—O 键振动吸收谱图蓝移的原因是由于随煅烧温度的提高，Al—O 键的键强增大，导致其化学键力常数增大，从而导致红外光谱的蓝移。

4.2　TG 分析

刘杰、李淑珍等[1,2]研究了异丙醇铝的热分解行为，结果见图 4 – 6。由图中

DTA 曲线可以看出，在 175℃ 和 270℃ 存在两个明显的吸热峰，在 430℃ 左右存在一个宽的吸热峰，这三个吸热峰分别对应于 TG 曲线上三个不同的失重阶段。其中 300℃ 前的两个失重阶段失重速率较大，300~600℃ 宽的失重阶段，失重速率较小，且此阶段质量损失较少，这与文献报道基本相同[6]，表明异丙醇铝热分解过程主要在 300℃ 前比较激烈。从 TG 曲线还可以看到，在 600℃ 以后没有发生失重现象。异丙醇铝热分解过程中总质量损失达到 70% 左右，与理论值 75% 有所不同，其原因可能是在热分析前异丙醇铝存在部分水解造成的。

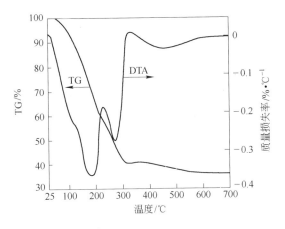

图 4 - 6 异丙醇铝的 TG - DTA 曲线

采取 25℃、65℃ 和 85℃ 三种温度下对异丙醇铝进行水解，其中异丙醇铝与水摩尔比控制在 1:3，水的加入是通过加入含水量为 10%（质量分数）的异丙醇实现的。对水解产物进行 TG 检测分析，得到图 4 - 7 所示的 TG 曲线。

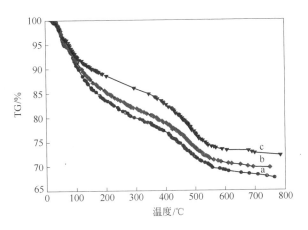

图 4 - 7 不同水解温度下产物的 TG 曲线
a—25℃；b—65℃；c—85℃

从图 4-7 可以看到，不同水解温度下获得的 TG 曲线形状基本一致，存在两个明显的质量损失过程。第一个过程为物理吸附水的脱除阶段；第二个过程为氢氧化铝转化为氧化铝过程中层间结构水的脱除阶段。由图 4-7 的 TG 曲线还可以看到，随着水解温度的升高，水解产物总的质量损失减少。表 4-1 给出了三种温度下水解产物在两个失重阶段的质量损失。

表 4-1　不同温度区间的质量损失

水解温度/℃	第一温度区域/℃	质量损失/%	第二温度区域/℃	质量损失/%	化学式 $Al_2O_3 \cdot nH_2O$
25	低于 200	16.4	200~550	16	$Al_2O_3 \cdot 2.7H_2O$
65	低于 200	15	200~550	15.3	$Al_2O_3 \cdot 2.4H_2O$
85	低于 200	12.7	200~550	15.1	$Al_2O_3 \cdot 2.2H_2O$

由表 4-1 第三列的结果可以看出，随着水解温度的升高，质量损失明显降低，而这部分质量损失主要是由物理吸附水造成的。该结果表明随水解温度的提高，产物中的物理吸附水含量减少。物理吸附水的多少是与产物中 AlOOH 的结晶单元数有关的[7]，即与水合氧化铝的晶粒尺寸有关。因为物理吸附水是均匀地分散在水合氧化铝晶体表面，而比表面积是随着晶粒尺寸的增大而减小。因此，可以推断随着水解温度的升高，晶粒尺寸变大，随着晶粒尺寸的增大，物理吸附水减少，这与后面的 XRD 分析得到的结果是一致的。

由表 4-1 第 5 列的结果可以看出，随水解温度的提高，第二阶段质量损失变化不大。而此阶段质量损失主要是结构水脱除所致。由化学计量关系式： $2AlOOH \rightarrow H_2O + Al_2O_3$，计算可得水合氧化铝转化为 Al_2O_3 的质量损失理论值为 15%，表 4-1 中结构水脱除的实际质量损失与理论质量损失值基本相当。

图 4-8 给出的是在 65℃ 温度下，对异丙醇铝与水摩尔比在 1:1、1:3 和 1:5 三种水解配比下获得的水解产物的 TG 曲线。

由图 4-8 可以看到，当水解配比为 1:1 时，整个 TG 曲线上仅存在一个非常陡峭的质量损失阶段，且质量损失接近 50% 左右。造成大量的质量损失是由于铝醇盐水解不完全造成的，未充分水解的醇盐在加热过程中会逐渐分解，产生 CO_2 和 H_2O 两种气体，造成大量的质量损失，同时在工业生产中将影响醇的充分回收。当水解配比为 1:3 和 1:5 时，获得的 TG 曲线几乎重合。均可以分为两个阶段：第一个阶段为物理吸附水的脱除阶段；第二个阶段为层间结构水的脱除阶段。

由以上分析可以看出，醇盐水解法制备氧化铝过程中水解温度及水解程度对产物热分解行为有非常明显的影响。其中水解温度影响水解产物的吸附水含量，而水解程度影响异丙醇的回收利用。此外，水解产物中所含物理吸附水及结构水

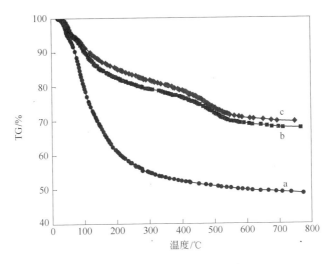

图 4-8　不同水解配比下产物的 TG 曲线

a—1∶1；b—1∶3；c—1∶5

脱除是分步进行的，其结构水的脱除要在300℃以上进行。由图4-7和图4-8的 TG 曲线还可以看到，在550℃以上水合氧化铝质量损失基本结束，表明此时氢氧化铝结构水已全部脱除，完成了向氧化铝的转变。

图4-9是彭志宏等[8]对拜耳种分法获得的氢氧化铝测定的 TG-DSC 曲线。拜耳种分法获得的三水铝石的热分解过程由三个阶段完成，第一阶段在221~308℃之间，质量损失在25.9%；第二阶段在308~548℃之间，质量损失在6.55%；第三阶段在548~1100℃之间，质量损失在1.3%；三个阶段总质量损失为34%左右，与三水铝石热分解理论上总质量损失相当。对各阶段的质量损

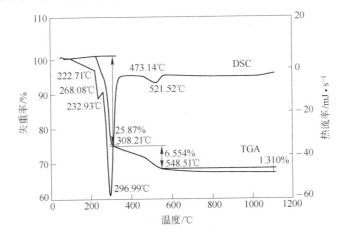

图4-9　三水铝石 TG-DSC 曲线

失分析可以看出，三水铝石的热分解过程并不是按由三水铝石向一水铝石再向氧化铝这一过程进行的，而是在第一阶段受三维扩散控制，在第二阶段受化学反应控制的一个热分解过程。

图 4 - 10 是李浩群等[9]对一水硬铝石矿石经粉碎及处理获得的一水硬铝石粉体测定的 TGA 曲线。一水硬铝石热分解过程由两个阶段完成，第一阶段在 419 ~ 600℃ 之间，质量损失在 12.5%；第二阶段在 915 ~ 1200℃ 之间，质量损失在 1.5%。一水硬铝石分解反应初期受扩散控制，反应中期由相界面反应或形核长大控制，后期由形核长大控制。

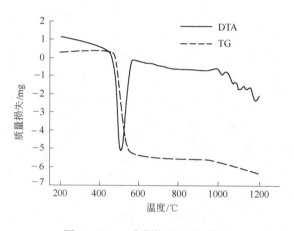

图 4 - 10　一水硬铝石 TGA 曲线

对比上述三种氢氧化铝热分解曲线，可以看出三者的热分解行为完全不同。醇盐法获得的氢氧化铝粉体结构水脱除温度在 300℃ 以上，三水铝石结构水脱除温度在 220℃ 以上，而一水硬铝石的结构水脱除温度在 400℃ 以上。此外，醇盐法获得的氢氧化铝在结构水脱除过程中质量损失速率相对平缓；三水铝石结构水脱除起始阶段质量损失速率比较大，后阶段质量损失速率比较平缓；而一水硬铝石结构水脱除质量损失速率较大。

4.3　XRD 分析

4.3.1　异丙醇铝水解产物 XRD 分析

图 4 - 11 为异丙醇铝在不同水解温度下完全水解获得产物的 XRD 图谱。由图 4 - 11 可知：在不同水解温度下，产物 XRD 图谱均在 $2\theta = 28°$、$38°$、$49°$ 附近出现了衍射峰，衍射峰的位置基本相同，表明不同水解温度下获得产物是同一晶型的氢氧化铝。通过与标准卡（PDF01 - 1283 卡）对照可知产物均为拟薄水铝石。由图 4 - 11 还可以看出，不同水解温度下获得产物的 XRD 衍射峰均较宽，

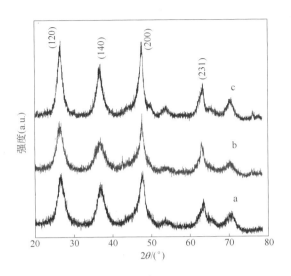

图 4 – 11　不同水解温度下获得产物的 XRD 图

a—25℃；b—65℃；c—85℃

但随着温度的升高，衍射峰峰宽逐渐变窄，衍射峰强度有所增强，说明随水解温度的提高，获得产物的结晶度提高。

拟薄水铝石是一种很重要的催化材料，它的相对结晶度的高低，直接影响其相关产品的技术性能，如拟薄水铝石相对结晶度高，生产的催化剂或催化剂载体的强度就高，使用寿命就长[10,11]。表 4 – 2 给出了 65℃ 水解产物的 XRD 图谱与 PDF 标准卡的对照。

表 4 – 2　65℃水解产物的 XRD 结果与 PDF 01 – 1283 卡的对照

No.	样品 b		标准卡	
	$2\theta/(°)$	I	$2\theta/(°)$	I
1	48.977	100	48.929	100
2	27.940	97	28.126	80
3	38.213	68	38.268	60
4	63.940	24	63.685	25

由谢乐（Scherrer）公式：$D = K\lambda / B_{1/2}\cos\theta$，（$K$ 为常数，λ 为 X 射线的波长，θ 为布拉格衍射角，$B_{1/2}$ 为衍射峰半峰宽），可以计算出（120）晶面所对应的晶粒大小，结果列于表 4 – 3 中。

由表 4 – 2 可以看出水解产物的 XRD 数据结果与标准卡的数据基本相同，化学式为 $\gamma\text{-Al}_2O_3 \cdot nH_2O$。根据张海明[12]等对薄水铝石与拟薄水铝石差异的研究结

果表明在 2θ 为 $60° \sim 68°$ 范围内，薄水铝石样品出现 2 个较强衍射峰和 2 个小峰，拟薄水铝石当晶粒度小到约 10nm 时，2 个较强的衍射峰合为 1 个峰，当晶粒度小到约 5nm 时，2 个小峰就不容易观察到，由水解产物的 XRD 谱图可知，其 2 个较强峰合为 1 个峰，且其 2 个小峰也不容易观察到，可推断水解产物为拟薄水铝石，且其晶粒尺寸小于 5nm，与通过谢乐公式计算的结果一致（见表 4-3）。

表 4-3　不同水解温度下产物（120）晶面相关数据

试样	$2\theta_{(120)}/(°)$	$d_{(120)}/nm$	$D_{(120)}/nm$
25℃水解	28.15	0.3167	3.976
65℃水解	27.94	0.3190	4.683
85℃水解	27.99	0.3185	5.316

从表 4-3 可以看出，在不同水解温度下水解得到的试样在（120）晶面处 2θ 只有微小变化，晶面间距的变化也较小，随着水解温度的升高该晶面所对应的平均晶粒尺寸逐渐增大。这是由于高温条件下，溶液中的粒子运动速度加快，有利于晶粒的生长，导致了大晶粒产物的生成[13]。

图 4-12 给出了醇盐与水不同摩尔配比下水解获得产物的 XRD 图谱。从图 4-7 可以看到，在不同原料配比下水解获得产物的 XRD 衍射图均在 $2\theta = 28°$、$38°$、$49°$ 附近出现了衍射峰，同时衍射峰的位置基本相同，说明不同原料配比下获得产物仍为同一晶型物质，与 PDF 01-1283 卡对照确定产物为拟薄水铝石。从图中还可以看到，不同摩尔配比下水解获得产物的 XRD 衍射峰宽均较宽，但随着水量的增加，衍射峰峰宽明显变窄，峰强增大，表明此时产物晶粒尺寸长大，结晶度增强。

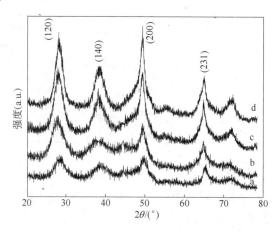

图 4-12　醇盐与水不同摩尔配比下水解获得产物的 XRD 图谱
a—1:1；b—1:3；c—1:5；d—1:7

在异丙醇铝水解过程中，醇盐与水的摩尔配比对产物晶粒尺寸和结晶度的影响主要是由于氢键作用引起的。在低醇盐与水摩尔配比下能形成粒径较小的粉体，随着水含量的增加，水解充分，同时会剩余多余的水，它们会吸附在粉体颗粒表面上，使颗粒之间产生由这种水分子和两相邻颗粒表面上羟基氢键作用而形成的桥接，这种桥接在粉体干燥脱水过程中会导致颗粒的进一步接近而产生颗粒间的羟基氢键或化学键，从而使颗粒团聚和长大[14]。

以上分析表明，异丙醇铝与水经水解获得的产物为拟薄水铝石。水解温度和水解原料配比虽然不影响产物晶体结构，但对水解产物的粒度及结晶度有显著影响。随水解温度增高及原料配比中水含量的增大，水解产物的粒径增大，结晶度提高。

图 4-13 是李波等给出的各种氢氧化铝的 XRD 图谱[15]。从图中可以看出，各种类型的氢氧化铝其特征 XRD 图谱完全不同。其中三水铝石特征衍射峰出现在 2θ 为 18.296°、20.287°、20.522°、26.884°处；拜耳石特征衍射峰出现在 2θ 为 18.814°、20.298°、20.468°、40.653°处；诺水铝石特征衍射峰出现在 2θ 为 18.502°、20.464°、21.050°、21.343°处。三种三水铝石衍射峰出现的位置比较接近。一水硬铝石特征衍射峰出现在 2θ 为 22.262°、35.049°、38.837°、42.364°处；一水软铝石特征衍射峰出现在 2θ 为 14.471°、28.194°、38.336°、48.891°处；拟薄水铝石特征衍射峰出现在 13.933°、28.332°、38.477°、49.214°处；其中一水软铝石和拟薄水铝石衍射峰位置相近，但拟薄水铝石衍射峰峰形较宽。

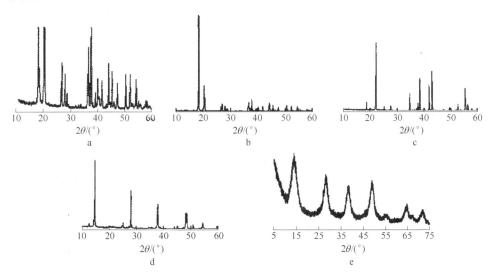

图 4-13 铝的氢氧化物 XRD 图谱

a—α-Al(OH)$_3$；b—β′-Al(OH)$_3$；c—β-AlOOH；d—α-AlOOH；e—α′-AlOOH

依照李波等人给出的氢氧化铝晶型 XRD 判断依据进一步证明异丙醇铝水解产物为拟薄水铝石。

4.3.2 煅烧产物 XRD 分析

图 4-14 给出了水解温度为 65℃，醇盐与水摩尔比 1∶3 条件下获得的水解产物经不同温度煅烧得到的 XRD 图谱。对照 PDF 标准卡可以看到，异丙醇铝水解产物在煅烧过程中相转变过程为：拟薄水铝石→γ-Al$_2$O$_3$→δ-Al$_2$O$_3$→θ-Al$_2$O$_3$→α-Al$_2$O$_3$。在相转变过程中拟薄水铝石发生了由斜方晶系→四方晶系→单斜晶系→六方晶系的转变。

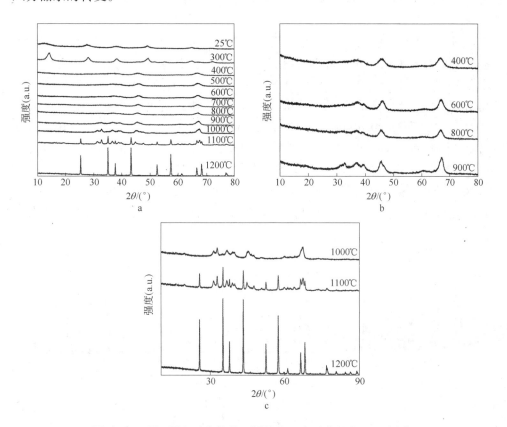

图 4-14 异丙醇铝水解产物不同煅烧温度下获得的 XRD 图谱

图 4-15 给出了不同氢氧化铝煅烧过程中的相转变途径[16]。由图 4-15 可以看出，三水铝石在煅烧过程中经历了由三水铝石→χ-Al$_2$O$_3$→κ-Al$_2$O$_3$→α-Al$_2$O$_3$的转变，晶体结构发生了由单斜晶系→立方晶系→斜方晶系→六方晶系的转变。拜耳石在煅烧过程中经历了由拜耳石→η-Al$_2$O$_3$→θ-Al$_2$O$_3$→α-Al$_2$O$_3$的转变，相应晶体结构发生了由单斜晶系→立方晶系→单斜晶系→六方晶系的转变。一水

硬铝石在煅烧过程中则直接转变为 α-Al₂O₃，这是由于一水硬铝石与 α-Al₂O₃ 晶体结构类型均为六方晶系。

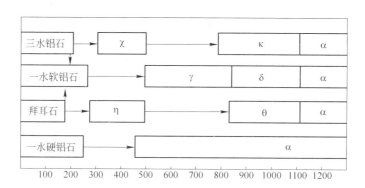

图 4-15 不同氢氧化铝煅烧过程相转变途径

图 4-16 是李波等给出的各种氧化铝的 XRD 图谱[15]。

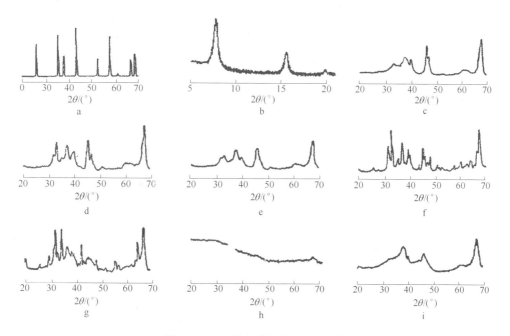

图 4-16 各种氧化铝的 XRD 图谱

a—α-Al₂O₃；b—β-Al₂O₃；c—γ-Al₂O₃；d—δ-Al₂O₃；e—η-Al₂O₃；f—θ-Al₂O₃；

g—κ-Al₂O₃；h—ρ-Al₂O₃；i—χ-Al₂O₃

表 4-4 则给出了上述各种氧化铝特征衍射峰出现的位置。

表 4 - 4　各种氧化铝特征峰出现的位置

氧化铝类型	d 值	$2\theta/(\degree)$
α	0.2085	43.36
	0.2551	35.15
	0.1601	57.50
	0.3480	25.58
	0.2379	37.78
β	1.1313	7.81
	0.5656	15.65
	0.4459	19.90
γ	0.1395	67.00
	0.1977	45.84
	0.2390	37.59
	0.2280	39.47
	0.4560	19.44
δ	0.1396	66.95
	0.1986	45.62
	0.2460	46.48
	0.2730	32.76
η	0.1400	66.73
	0.1790	46.02
	0.2400	37.43
	0.4600	19.27
	0.2270	39.66
θ	0.1390	67.28
	0.2850	31.35
	0.2720	32.89
	0.2430	36.95
	0.2010	40.05
ρ	0.1400	66.82
χ	0.1395	67.00
	0.1960	46.26
	0.2270	39.66
	0.2410	37.27

由图 4-15 和图 4-16 可以清楚地看出，不同氢氧化铝在煅烧过程中发生的相转变途径不同，产生的中间氧化铝 XRD 图谱也完全不同，表明它们的晶体结构存在着一定的差异。

4.4 微观形貌分析

图 4-17 为异丙醇铝在不同水解温度下完全水解获得产物的 TEM 图。由图 4-17 可以看出，水解产物呈折叠的纳米薄片交联在一起形成的无规则团聚结构。从图中观察不到水热温度对产物微观形貌的明显影响。

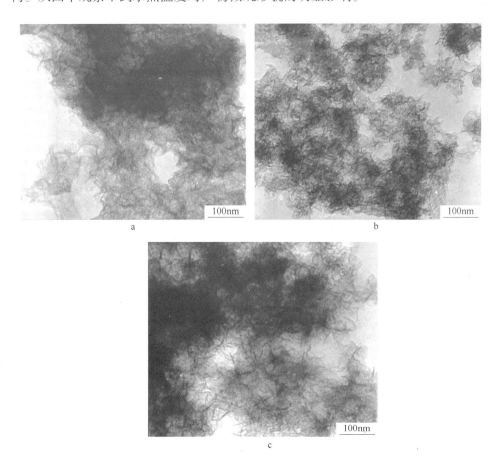

图 4-17　不同水解温度下产物的 TEM 图
a—25℃；b—65℃；c—85℃

图 4-18 给出了醇盐与水不同摩尔配比下，水解获得产物的 TEM 图片。图 4-18 所观察到的结果与图 4-17 基本一致。表明不论水解程度如何，水解产物的微观形貌均呈现折叠纳米片的交联团聚结构。

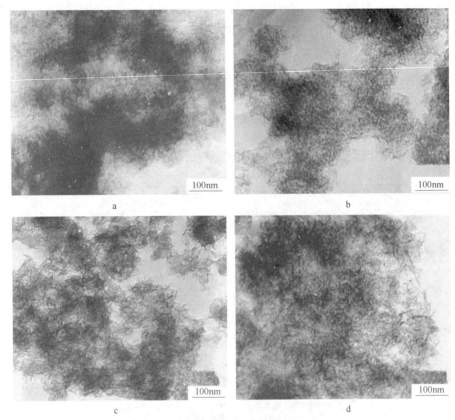

图 4 - 18   不同水解比例下试样的 TEM 图
a—1：1；b—1：2；c—1：3；d—1：5

图 4 - 19 为水解温度为 65℃、异丙醇铝与水摩尔比为 1：3 条件下获得的拟薄水铝石经 600℃ 煅烧得到的 γ-Al₂O₃ TEM 图。由图可以看出，经 600℃ 煅烧后产物仍为折叠纳米片的交联团聚结构，但团聚程度明显变轻。

图 4 - 20 给出了水解温度为 65℃、异丙醇铝与水摩尔比为 1：3 条件下获得的拟薄水铝石经 1200℃ 煅烧得到的 α-Al₂O₃ TEM 图。由图片可以看出，经 1200℃ 煅烧后产物呈哑铃形颗粒，尺寸在 300nm 左右。

从以上 TEM 分析可以看出，异丙醇铝水解获得的拟薄水铝石在煅烧过程中，微观形貌经历了由折叠纳米片交联团聚结构向哑铃形颗粒转变过程，此形貌转变过程发生在过渡态氧化铝向 α-Al₂O₃ 转变的过程中。在 α-Al₂O₃ 形成前，由于拟薄水铝石与过渡态氧化铝在晶体结构上具有一定的相似性，不需要进行原子结构的重新排列，只需原子间相互位置的变化就能转变，因此，并不破坏原子间的键合，从而保证了过渡态氧化铝的微观形貌能够继承拟薄水铝石的形貌。在过渡态氧化铝向 α-Al₂O₃ 转变的过程中，由于 α-Al₂O₃ 晶体结构与过渡态氧化铝晶体结构存在

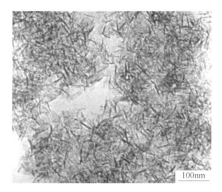

图 4 - 19　拟薄水铝石 600℃ 煅烧获得的　　　图 4 - 20　拟薄水铝石 1200℃ 煅烧获得的
　　　　　γ-Al$_2$O$_3$ TEM 图　　　　　　　　　　　　α-Al$_2$O$_3$ TEM 图

明显差异，需要进行原子间的重新排列，这就会造成其微观形貌的根本变化。

图 4 - 21 给出了异丙醇铝水解获得的拟薄水铝石及经 600℃ 、1200℃ 煅烧

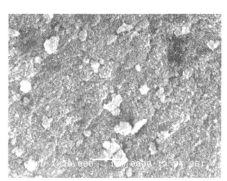

a

b

c

图 4 - 21　不同煅烧温度下获得产物的 SEM 图
a—拟薄水铝石；b—600℃；c—1200℃

获得产物的 SEM 图片。由图片仍可以看出,经 1200℃ 煅烧后产物的微观形貌发生了明显变化,由原来细小团聚在一起的颗粒突然长大到尺寸在 300nm 左右的哑铃形颗粒。

4.5　纯度分析

高纯氧化铝中的杂质元素主要有硅、铁、铜、镁。在国家标准[17]中,SiO_2、Fe_2O_3的分析采用比色法,CuO、MgO 采用原子吸收光谱法。由于这些元素采用了不同的溶样和测定方法,需用多种分析仪器,手续多,时间长[18]。目前,99.99% 以上高纯氧化铝纯度检测手段主要采用电感耦合等离子体质谱方法(ICP – MS)、辉光放电质谱法(GDMS)和电感耦合等离子体发射光谱法(ICP – OES)进行[19]。

表 4 – 5 给出了异丙醇铝水解法工业化生产过程中各环节产物经 ICP – MS 法测定的几种杂质含量。从表中可以看出,合成釜底残留物中 Fe、Ca、Na、Mg 含量较高,蒸馏釜底上述几种杂质含量也相对较高,表明经合成和蒸馏过程,杂质元素在残留物中产生了富集。从水解产物氢氧化铝的纯度分析可以看出蒸馏过程明显的提纯效果,此时获得产物中杂质含量相对最小。从氧化铝纯度看,其杂质含量较氢氧化铝有所提高,这与煅烧过程有关,由于煅烧过程中炉内耐火材料及坩埚中的杂质影响会对氧化铝纯度产生一定的影响。

表 4 – 5　工业化生产过程中各环节产物几种杂质的含量

工艺环节	杂质含量（$\times 10^{-6}$）						
	Ca	Fe	Na	Si	Mg	Cr	Cu
合成釜底	8	30	8	5	3	—	—
蒸馏釜底	6	16	2	4	7	—	—
氢氧化铝	1	1	1	2	1	< 1	< 1
氧化铝	1	1	2	5	—	—	—

针对坩埚及煅烧炉耐火材料对产物纯度的影响,研究了刚玉坩埚、高纯氧化铝坩埚及新煅烧炉与使用时间较长的煅烧炉对氧化铝纯度的影响,结果见表 4 – 6。

表 4 – 6　坩埚及煅烧炉对氧化铝纯度的影响

煅烧条件	杂质含量（$\times 10^{-6}$）						
	Ca	Fe	Na	Si	Mg	Cr	Cu
新刚玉坩埚	1	1	126	5	—	—	—
高纯氧化铝坩埚	1	1	2	5	—	—	—
新煅烧炉	3	15	8	13	1	< 1	< 1
旧煅烧炉	1	1	2	5	—	—	—

由表4-6可以看出，采用高纯氧化铝坩埚及采用使用时间比较长的煅烧炉煅烧获得的氧化铝粉体纯度较高。使用新刚玉坩埚将引起 Na 杂质含量显著增高，使用新煅烧炉则引起 Ca、Fe、Si、Na、Mg 等杂质含量的升高。新刚玉坩埚引起 Na 杂质含量增高的原因是，刚玉坩埚采用的是 95% 以上工业氧化铝制备的，其中所含的碱以 $Na_2O \cdot 11Al_2O_3$ 形式存在，在高温煅烧下将转移到玻璃相中，成为 $Na_2O \cdot 11Al_2O_3 \cdot 6SiO_2$。在使用过程中，当加热至 1200℃ 以上，会有部分 Na_2O 分解挥发出来，造成对产品氧化铝的污染。要消除刚玉坩埚中 Na 的污染，必须对新的刚玉坩埚进行处理，通常是在还原气氛下在 1500℃ 以上预烧一定时间，将 Na_2O 全部除去。新煅烧炉引起几种杂质含量增高的原因是新煅烧炉内耐火材料在煅烧过程中低温挥发分的挥发造成的。要消除这种污染，需要定制特殊的煅烧炉进行烧制高纯氧化铝粉体。

表4-7 给出了异丙醇铝水解法工业化生产氧化铝产品经 ICP-MS、ICP-OES 法和 GDMS 法检测的结果。由表4-7 可以看出，三种方法检测结果基本一致，表明在高纯氧化铝纯度检测上可选用三种方法中的任意一种。

表4-7 异丙醇铝水解法工业化生产氧化铝产品中杂质的含量

检测方法	杂质含量（$\times10^{-6}$）						
	Ca	Fe	Na	Si	Mg	Cr	Cu
ICP-MS	<1	1	2	5	—	—	—
ICP-OES	<1	1	3	4	<1	<1	<1
GDMS	<1	1	2	4	<1	—	<2

4.6 氧化铝粉体粒度分析

采用激光粒度分析仪对异丙醇铝与水摩尔比 1:3、65℃ 水解产物及其 1200℃ 煅烧产物的粒度进行了分析，结果见图4-22 和图4-23。相关数据见表4-8。

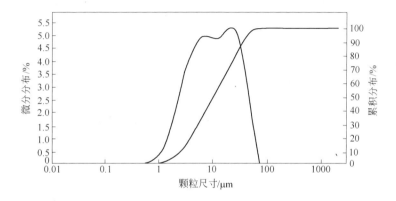

图4-22 水解产物的粒度分布图

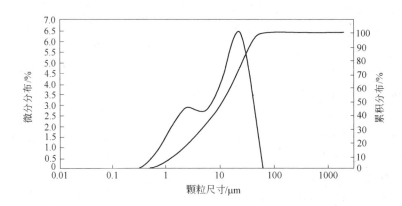

图 4 – 23　1200℃煅烧产物的粒度分布图

表 4 – 8　异丙醇铝水解产物及煅烧产物的粒度分析结果

样品类型	粒径/μm			
	D_{10}	D_{50}	D_{90}	平均粒径 $D_{(4,3)}$
AlOOH	2.654	10.27	34.98	15.09
$\alpha\text{-}Al_2O_3$	1.591	11.86	33.80	14.96

此外，还对上述样品进行了比表面积和松装密度的分析。其中水解产物 AlOOH 的比表面积为 333.3 m^2/g，松装密度为 0.436 g/cm^3；煅烧产物 $\alpha\text{-}Al_2O_3$ 的比表面积为 6.210 m^2/g，松装密度为 0.495 g/cm^3。

粒度分析结果表明，醇盐水解法制备氧化铝产物粒度分布比较宽，平均粒径比较大。这是由于醇盐水解速度快，很容易生成水合氧化铝颗粒并产生团聚，因此要获得粒度小、分散性好的粉体，适当地控制干燥和水解的条件，防止产生强聚集粒子是重点。再者，水解得到的水合氧化铝拟薄水铝石通过加热经过 γ、δ、θ-Al_2O_3，才能变成高温稳定相 $\alpha\text{-}Al_2O_3$。高温稳定相 $\alpha\text{-}Al_2O_3$ 以外的各种氧化铝被称为中间状氧化铝，是初级粒子为几十纳米的特细微粒。

从中间状氧化铝到 $\alpha\text{-}Al_2O_3$ 的过渡不同于中间状氧化铝之间的过渡，它的过渡需要氧气的填充重排（立方密堆积 → 六方密堆积），需要 1200℃ 以上的高温。α 化过渡受 α 晶体的形核速率控制。这时候发生的 α 核密度低，一旦核产生，由于周围中间状氧化铝的物质移动粒子会急速增长，形成微米级的树枝状的 $\alpha\text{-}Al_2O_3$ 粒子。

因此，为了得到粒度分布均匀的 $\alpha\text{-}Al_2O_3$ 粉末颗粒，要消除导致 $\alpha\text{-}Al_2O_3$ 核生成不均匀的因素，以及在严格控制焙烧时温度分布的均匀性的基础上，尽量在低温下完成 α 化过渡是非常重要的。

4.7 热分解动力学分析

图 4-24 描述了氢氧化铝粉体在空气气氛下，升温速率分别为 5K/min、10K/min、15K/min、20K/min、25K/min，从室温到 1200℃ 这一煅烧过程中的 TG-DSC 曲线的总体趋势。从图中可以看出，氢氧化铝粉体在煅烧过程中有两个明显的吸热峰，第一个吸热峰在室温至 450K 之间，对应 TG 曲线上的第一个失重阶段，质量损失在 20% 左右，该段损失应该是氢氧化铝表面吸附水的脱除。在 450~800K 之间出现第二个吸热峰，对应 TG 曲线上出现第二个失重阶段，质量损失在 15% 左右，此阶段损失应该是粉体内部结构水脱除的结果。此外，随着升温速率的增大，吸热峰越来越明显，峰形尖锐陡峭，说明升温速率越大，热反应越活跃，反应速度越快。

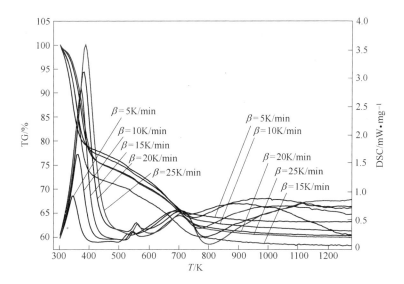

图 4-24　氢氧化铝粉体的 TG-DSC 曲线总体趋势图

各个升温速率下的 TG-DSC 曲线如图 4-25 所示，用耐热分析软件对各个曲线的吸热峰进行热分析，获得氢氧化铝粉体在不同升温速率下吸热峰的起始点、终止点、质量损失等 TG-DSC 数据，结果列于表 4-9。

表 4-9　吸热峰在不同升温速率下的 TG-DSC 数据

β /K·min^{-1}	峰 1			峰 2			总失重 /%
	起始点/K	终止点/K	失重/%	起始点/K	终止点/K	失重/%	
5	318.4	380.1	17.48	571.3	704.9	7.23	26.14
10	332.4	401.7	17.59	589.8	738.9	7.64	26.53
15	334.1	413.0	22.54	589.3	746.6	7.32	31.21

β /K·min^{-1}	峰1			峰2			总失重 /%
	起始点/K	终止点/K	失重/%	起始点/K	终止点/K	失重/%	
20	344.4	429.4	19.68	621.9	764.9	7.00	28.00
25	347.7	439.6	20.27	637.8	773.2	6.57	28.36
平均			19.512			7.152	28.048

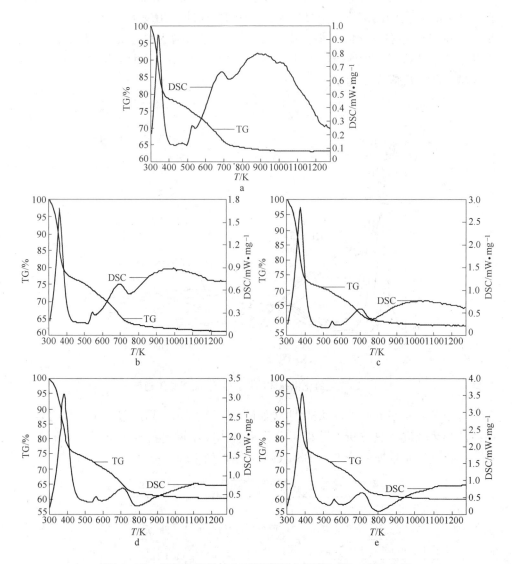

图 4 - 25　氢氧化铝粉体在不同升温速率下的 TG - DSC 曲线

a—β = 5K/min；b—β = 10K/min；c—β = 15K/min；d—β = 20K/min；e—β = 25K/min

如表 4 - 9 所示，第一个吸热峰的平均质量损失为 19.512%，第二个吸热峰的平均质量损失为 7.152%，整个煅烧过程的质量损失为 26.664%。

结合对 TG - DSC 曲线的分析结果，对氢氧化铝粉体的两个吸热峰分别采用 Popescu 法和 Doyle-Ozawa 法对煅烧过程热分解动力学进行分析。

4.7.1 Popescu 法

已知各个升温速率下 DSC 曲线中两个吸热峰所对应 TG 曲线上的质量损失，以该段损失为单位 1，分别取反应度 $\alpha = 0.05$，0.15，0.25，…，0.95，求取各个反应度所对应的温度，得到氢氧化铝在不同升温速率下的 $\alpha - T$ 曲线，见图 4 - 26。

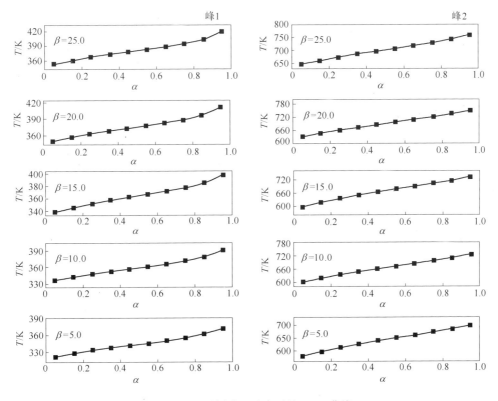

图 4 - 26　不同升温速率下的 $\alpha - T$ 曲线

根据 Popescu 法基本原理，只要给定一对温度 (T_m, T_n)，即可从不同升温速率 (β_i) 下的 $\alpha - T$ 曲线上得到一对与之相对应的反应度 $(\alpha_{m, \beta i}, \alpha_{n, \beta i})$。在保证任意升温速率 β_i 下的 $\alpha - T$ 曲线上所对应的反应度 $\alpha_{m, \beta i}$ 和 $\alpha_{n, \beta i}$ 落在 0.05 ~ 0.95 之间的前提下确定出两个吸热峰所对应动力学过程的 (T_m, T_n)，如表 4 - 10 所示。

表 4 - 10　两个吸热峰在不同升温速率下的 α 数据

β \ T/K α	峰 1		峰 2	
	$T_n = 370.9$	$T_m = 352.3$	$T_n = 697.3$	$T_m = 645.5$
5	0.95	0.700	0.95	0.517
10	0.753	0.360	0.755	0.332
15	0.635	0.255	0.704	0.324
20	0.417	0.098	0.557	0.142
25	0.318	0.05	0.469	0.05

　　将 $\alpha_{m,\beta i}$ 和 $\alpha_{n,\beta i}$ 代入动力学模型的积分式中(见表 4 - 11),即可得到不同升温速率 (β_i) 下的 g_{mn} 值,由此绘得两个失重过程的 g_{mn} - $(1/\beta)$ 曲线,示于图 4 - 27。

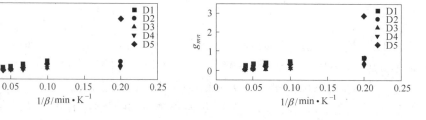

图 4 - 27　不同动力学模型对氢氧化铝粉体的 g_{mn} - $(1/\beta)$ 曲线

用最小二乘法对每个动力学模型的 $g_{mn} - (1/\beta)$ 曲线进行线性拟合，线性拟合结果列于表 4 – 12。根据模式匹配法的匹配原则确定出氢氧化铝粉体在煅烧过程中两个吸热峰所对应动力学过程的最可能的动力学模型。

表 4 – 11 常见固体材料动力学机理函数

No.	机 理	模型	$f(a)$	$g(a)$
1	One-dimensional diffusion 一维扩散	D_1	$1/(2a)$	a^2
2	Two-dimensional diffusion (Valensi eq.) 二维扩散 (Valensi eq.)，圆柱形对称	D_2	$[-\ln(1-a)]^{-1}$	$a + (1-a)\ln(1-a)$
3	Three-dimensional diffusion (Jander eq.) 三维扩散(杨德方程)，球形对称	D_3	$1.5(1-a)^{2/3}[1-(1-a)^{1/3}]^{-1}$	$[1-(1-a)^{1/3}]^2$
4	Three-dimensional diffusion (G-B eq., a) 三维扩散(G-B 方程)，球形对称	D_4	$1.5[(1-a)^{1/3}-1]^{-1}$	$(1-2a/3)-(1-a)^{2/3}$
5	Three-dimensional diffusion (Z-L-T eq., b) 三维扩散(Z-L-T eq. b)	D_5	$1.5(1-a)^{4/3}[(1-a)^{-1/3}-1]^{-1}$	$[(1-a)^{-1/3}-1]^2$
6	Two-dimensional phase boundary reaction 二维相界反应，收缩圆柱体，圆柱形对称	R_2	$2(1-a)^{1/2}$	$1-(1-a)^{1/2}$
7	Three-dimensional phase boundary reaction 三维相界反应，收缩球状，球形对称	R_3	$3(1-a)^{2/3}$	$1-(1-a)^{1/3}$
8	One and half order phase boundary reaction 一个半相界反应	$C_{1.5}$	$(1-a)^{3/2}$	$(1-a)^{-1/2}$
9	Second order phase boundary reaction 二阶相界反应	C_2	$(1-a)^2$	$(1-a)^{-1}$
10	Nucleation and nuclei growth ($A-E$ eq. $c, n=1$) 成核与核增长($A-E$ eq.，$c, n=1$)	A_1	$1-a$	$-\ln(1-a)$
11	Nucleation and nuclei growth ($A-E$ eq., $n=1.5$) 成核与核增长($A-E$ eq.，$n=1.5$)	$A_{1.5}$	$1.5(1-a)[-\ln(1-a)]^{1/3}$	$[-\ln(1-a)]^{2/3}$
12	Nucleation and nuclei growth ($A-E$ eq., $n=2$) 成核与核增长($A-E$)，随机成核和随后增长	A_2	$2(1-a)[-\ln(1-a)]^{1/2}$	$[-\ln(1-a)]^{1/2}$

No.	机　　理	模型	$f(a)$	$g(a)$
13	Nucleation and nuclei growth ($A - E$ eq. , $n = 3$) 成核与核增长($A - E$),随机成核和随后增长	A_3	$3(1-a)[-\ln(1-a)]^{2/3}$	$[-\ln(1-a)]^{1/3}$
14	Exponential nucleation(Mampel eq. , $n = 1$) 指数核(Mampel eq. , $n = 1$)	P_1	1	a
15	Exponential nucleation(Mampel eq. , $n = 2$) 指数核(Mampel eq. , $n = 2$)	P_2	$2a^{1/2}$	$a^{1/2}$
16	Exponential nucleation(Mampel eq. , $n = 3$) 指数核(Mampel eq. , $n = 3$)	P_3	$3a^{2/3}$	$a^{1/3}$
17	Exponential nucleation(Mampel eq. , $n = 4$) 指数核(Mampel eq. , $n = 4$)	P_4	$4a^{3/4}$	$a^{1/4}$

表 4 - 12　常用动力学模型对氢氧化铝粉体两个吸热峰的拟合过程

模　型	峰 1		峰 2	
	相关系数	标准差	相关系数	标准差
D_1	0.52551	0.13567	0.9214	0.18008
D_2	0.86785	0.01615	0.98215	0.04227
D_3	0.99671	-0.05272	0.98712	-0.04631
D_4	0.94676	-0.00836	0.99081	-0.00232
D_5	0.93723	-0.92734	0.92963	-0.9224
R_2	0.68659	0.15659	0.99805	0.18669
R_3	0.87494	0.08716	0.99518	0.10885
$C_{1.5}$	0.98072	-0.55278	0.95795	-0.50883
C_2	0.9425	-5.2008	0.93048	-5.10554
A_1	0.99012	0.02848	0.9835	0.10326
$A_{1.5}$	0.97164	0.29476	0.95549	0.35087
A_2	0.97449	0.34877	0.83035	0.39075
A_3	0.71631	0.33569	0.32738	0.3617
P_1	0.11796	0.35311	0.26139	0.39948
P_2	0.99133	0.38878	0.47517	0.41297
P_3	0.89396	0.29331	0.48401	0.30217
P_4	0.93563	0.3404	0.48618	0.35424

根据模式匹配法可以推断出反应的最可能的动力学模型。其原则为：

（1）线性相关系数 R 必须大于 0.99，越接近 1 越好；

（2）标准差应小于 0.1；

（3）拟合所得直线应经过坐标原点；

（4）所得动力学模型应与反应系统的物态及特性相一致。

从表 $4-12$ 可以看出，氢氧化铝粉体在煅烧过程中的脱水过程，只有 D_3 模型同时满足匹配原则（1）和（2），且只有该模型的拟合直线经过原点，满足原则（3）。D_3 模型的积分形式为：$g(\alpha) = [1-(1-\alpha)^{1/3}]^2$。

该模型适用于描述一维扩散的固体反应，而从氢氧化铝的结构来看，只有表面脱水可以成一维扩散，所以该模型与氢氧化铝表面脱水符合，满足原则（4）。

对于第二阶段的质量损失过程，只有 D_4 模型同时满足匹配原则（1）和（2），且只有该模型的拟合直线经过原点，满足原则（3）。D_4 模型其积分形式为：$g(\alpha) = (1-2\alpha/3) - (1-\alpha)^{2/3}$，为球形对称三维扩散（$G-B$ 方程）。

综上所述，氢氧化铝热分解过程可分两个阶段完成，第一个阶段为表面脱水过程，遵循 D_3 模型反应机理，第二个阶段为内部结构水的脱除过程，受三维扩散反应 D_4 模型控制。

在确定出反应机理函数的同时，Popescu 法给出了获得 Arrhenius 参数即反应活化能 E 及指前因子 A 的方法。分别给定反应度 $\alpha = 0.3$、0.4、0.5、0.6 和 0.7，根据图 $4-26$ 所示 $\alpha-T$ 数据求得氢氧化铝粉体两个脱水过程的 $\lg\beta - (1/T)$ 数据，得到样品在不同反应度下的 $\lg\beta - (1/T)$ 曲线，如图 $4-28$ 所示。

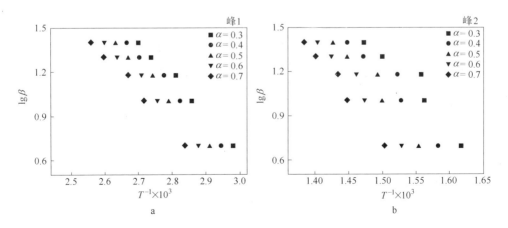

图 $4-28$　氢氧化铝粉体在不同反应度下的 $\lg\beta - (1/T)$ 曲线

用最小二乘法按方程（4-4）对每组 $\lg\beta-(1/T)$ 数据进行线性拟合，得到对应的拟合直线 $y(\alpha_i)=ax_i+b$，由直线斜率 a 及截距 b，根据式（4-5）及式（4-6）即可计算脱水过程和相变过程在不同反应度下的活化能 E 和指前因子 A，结果列于表4-13。

$$\lg(\beta)=\lg\Big[\frac{A\cdot E}{R\cdot g(\alpha)}\Big]-2.315-0.4567\cdot\frac{E}{R\cdot T} \tag{4-4}$$

$$E=\frac{\alpha\cdot R}{-0.4567} \tag{4-5}$$

$$A=\frac{(b+2.315)\cdot R\cdot g(\alpha)}{E} \tag{4-6}$$

表4-13　Arrhenius 参数计算结果

反应度 α	峰1			峰2		
	$E/\text{kJ}\cdot\text{mol}^{-1}$	$A/\text{min}^{-1}(\times10^5)$	相关系数	$E/\text{kJ}\cdot\text{mol}^{-1}$	$A/\text{min}^{-1}(\times10^7)$	相关系数
0.3	45.916	1.903	0.987	84.936	1.038	0.919
0.4	45.508	1.890	0.991	93.249	0.994	0.940
0.5	45.362	1.878	0.993	99.637	0.962	0.956
0.6	45.459	1.861	0.992	103.492	0.940	0.971
0.7	45.675	1.841	0.990	107.881	0.917	0.980
平均	45.584	·		97.839		

从表4-13中可以看出，氢氧化铝粉体在煅烧过程中的第一个吸热峰所对应脱水过程的平均活化能为45.584kJ/mol，随着反应度的增大，活化能反而越低，说明随着脱水过程的进行，反应产物的活性越来越强，反应速率也越来越快。该过程的指前因子介于 $1.841\times10^5\sim1.903\times10^5$ 之间，随着反应的进行，指前因子越来越小，可解释为随着活化能的降低，反应物之间的碰撞效应减弱。伴随着活化能和指前因子的降低，相关系数也不断减小。与此同时，第二个吸热峰所对应脱水过程的平均活化能为97.839kJ/mol，与第一个过程相反的是，该阶段随着反应度的增大，所需的活化能越来越高，所对应的指前因子与相关系数也随之变大，这可以解释为该过程的三维扩散效应，结合产物的 SEM 及 XRD 分析结果可知，产物为非晶态结构的氢氧化铝，没有特定的扩散通道，使得扩散过程受到阻碍，导致产物由非晶态转变为晶态结构需要更高的能量才能进行。

4.7.2　Doyle-Ozawa 法

已知氢氧化铝粉体在煅烧过程中发生了两个动力学反应，对应两个失重温度段，表4-14所示为两个过程对应不同升温速率的各反应度下的温度。

表 4 - 14　两个吸热峰对应不同升温速率的各反应度下的温度

α/% ＼ β/K·min^{-1} ＼ T/K	峰 1					峰 2				
	5	10	15	20	25	5	10	15	20	25
5	321.8	336.2	338.1	348.8	352.3	579.7	599.0	596.8	630.4	645.5
15	328.0	342.3	345.9	356.1	360.4	596.6	617.7	617.3	646.8	659.5
25	333.3	347.6	352.0	362.4	367.0	611.0	634.1	634.0	660.6	672.8
35	337.8	351.9	357.7	367.8	372.7	625.0	648.0	649.2	672.9	684.6
45	341.4	355.9	362.6	372.4	377.6	638.1	660.5	664.2	685.0	695.2
55	345.4	360.2	367.1	376.9	382.4	649.2	672.5	676.3	696.4	706.2
65	349.6	365.1	371.5	382.0	387.6	659.5	685.0	691.4	708.2	717.3
75	355.0	370.7	377.0	388.0	393.8	671.8	696.7	702.4	719.9	728.1
85	361.5	378.0	384.2	395.9	402.2	684.3	709.3	715.3	733.7	741.0
95	370.9	390.7	397.1	410.6	419.0	697.3	725.7	733.9	750.9	759.2

由 Doyle-Ozawa 法知，在一定转化率 α 下，求取各温度的倒数 $1/T$，作 $\lg\beta$ - $(1/T)$ 曲线，示于图 4 - 29。

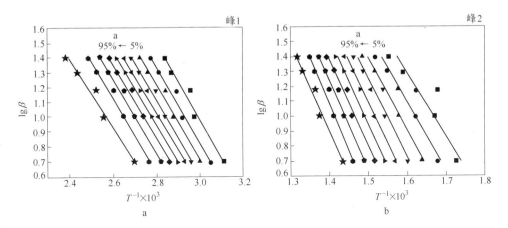

图 4 - 29　Doyle-Ozawa 法求两个吸热峰活化能的 $\lg\beta$ - $(1/T)$ 曲线

对各曲线进行线性拟合，得到不同反应度所对应的拟合直线 $y(\alpha_i) = ax_i + b$，通过各直线的斜率 $a = -0.4567E/R$ 计算各反应的表观活化能 E，结果列于表 4 - 15 中。

由表 4 - 15 可以得知，利用 Doyle-Ozawa 法求得第一段脱水过程的平均活化能为 45.405 kJ/mol，随着反应度的增大，所需活化能反而越小，与 Popescu 法求得的结果趋势一致。第二段脱水过程的平均活化能为 94.560 kJ/mol，不同反应度下的活化能随其增大而增大，同样与 Popescu 法所得结果保持一致。

表 4-15　两个吸热峰在不同反应度的活化能及其相关系数

$\alpha/\%$	峰 1			峰 2		
	线性拟合方程	$E/\text{kJ} \cdot \text{mol}^{-1}$	R^2	线性拟合方程	$E/\text{kJ} \cdot \text{mol}^{-1}$	R^2
5	$y = -2.5645x + 8.678$	46.685	0.9668	$y = -3.5271x + 6.903$	64.209	0.8366
15	$y = -2.5434x + 8.462$	46.302	0.9804	$y = -4.0541x + 7.583$	73.803	0.8830
25	$y = -2.5299x + 8.301$	46.056	0.9836	$y = -4.4574x + 8.060$	81.145	0.9114
35	$y = -2.5138x + 8.15$	45.763	0.9894	$y = -4.8833x + 8.567$	88.897	0.9261
45	$y = -2.4861x + 7.991$	45.258	0.9930	$y = -5.3664x + 9.148$	97.693	0.9533
55	$y = -2.4976x + 7.940$	45.467	0.9935	$y = -5.5801x + 9.326$	101.583	0.9578
65	$y = -2.4966x + 7.850$	45.448	0.9912	$y = -5.7707x + 9.458$	105.053	0.9814
75	$y = -2.5214x + 7.813$	45.900	0.9895	$y = -6.0840x + 9.766$	110.757	0.9779
85	$y = -2.5042x + 7.693$	45.587	0.9876	$y = -6.2137x + 9.791$	113.117	0.9779
95	$y = -2.2843x + 6.869$	41.584	0.9850	$y = -6.0063x + 9.312$	109.341	0.9878
平均		45.405			94.560	

综合上述两种动力学分析方法的结果，可以对比出不同方法关于同一动力学过程的计算差异，列于表 4-16 中：

表 4-16　不同动力学分析方法的结果对比

方　法	$E_1/\text{kJ} \cdot \text{mol}^{-1}$	$E_2/\text{kJ} \cdot \text{mol}^{-1}$
Popescu 法	45.584	97.839
Doyle-Ozawa 法	45.405	94.560
Average	45.4945	96.1995

从表 4-16 中可以看出，不同动力学分析方法对同一动力学过程的计算结果相差不大，可以对其求平均值，得到两个过程的平均活化能。脱水过程的平均活化能为 45.4945kJ/mol，相转变过程的活化能为 96.1995kJ/mol。

参 考 文 献

[1] 刘杰. 异丙醇铝中含铁有机物的形成、分离及高纯铝醇盐应用研究 [D]. 大连：大连理工大学，2010.

[2] 李淑珍. 高纯异丙醇铝的制备及其在发光材料中的应用 [D]. 大连：大连理工大学，2004.

[3] 田明原，施尔畏，仲维卓，等. 纳米陶瓷与纳米陶瓷粉末 [J]. 无机材料学报，1998，13 (2)：129.

[4] 陈世益，周芳. 广西贵港三水型铝土矿矿石特征及应用研究 [J]. 广西地质，1992，5 (3)：9~16.

[5] 李启津. 一水硬铝石的标型特种及其研究信息 [J]. 轻金属，1986 (4)：1~4.

[6] Brown I M, Mazdiyasni K S. Characterization and Gas Chromatography of Alkoxides of Aluminum and of Some Group IV Elements [J]. Analytical Chemistry, 1969, 41 (10): 1243~1250.

[7] Guangshe Li, Smith Jr R L, Ihomata H, et al. Synthesis and thermal decomposition of nitrate - free boehmite nanocrystals by supercritical hydrothermal conditions [J]. Materials letters, 2002 (53): 177.

[8] 彭志宏，李琼芳，周秋生. 氢氧化铝脱水过程的动力学研究 [J]. 轻金属，2010 (5)：16~18.

[9] 李浩群，邵天敏，陈大融. 一水硬铝石热分解动力学研究 [J]. 硅酸盐学报，2002，30 (3)：335~339，346.

[10] 李彩贞，张俊良，贺誉清. 拟薄水铝石结晶度分析方法研究 [J]. 有色金属分析通讯，2003 (1)：10~12.

[11] 许涛，于翠艳，吴艳波，等. 拟薄水铝石结晶度对 V-Sb 系催化剂性能的影响 [J]. 大庆石油学院学报，2003，24 (1)：36~38.

[12] 张明海，叶岗，李光辉，等. 薄水铝石与拟薄水铝石差异的研究 [J]. 石油学报，1999，15 (2)：29~32.

[13] 隋宝宽，刘文杰，杨刚，等，温度对拟薄水铝石性能的影响 [J]. 工业催化，2012，20 (7)：46~48.

[14] 李波，邵玲玲. 氧化铝、氢氧化铝的 XRD 鉴定 [J]. 无机盐工业，2008，40 (2)：54~57.

[15] 付高峰，毕诗文，杨毅宏，等. 异丙醇铝水解法制取高纯超细 α-Al$_2$O$_3$ 的研究 [J]. 轻金属，1999 (3)：56~58.

[16] Walter H Gitzen. Alumina as a ceramic material [M]. The American Ceramic Society, 1970.

[17] 中国有色金属工业总公司标准计量研究所. 有色金属工业产品化学分析标准汇编 (2) [M]. 北京：中国标准出版社，1992.

[18] 王倩，明芳. 微波消解等离子体光谱法测定高纯氧化铝中杂质元素 [J]. 冶金分析，2003，28 (4)：53~54.

[19] 周涛，李金英，赵墨田. 质谱的无机痕量分析进展 [J]. 分析测试进展，2004，23 (2)：110~115.

5 水热处理对异丙醇铝水解产物性能的影响

对于超微粉体的制备，粉末的高性能正是生产的经济效益所在。粒子的显微结构特性直接决定了其最终产品的应用性能[1]，粒子的微观形貌控制显得尤为重要。实现对粉体形貌的控制是一项复杂的工艺，涉及固体化学、界面反应及动力学等多领域学科[2]。

从本质上讲，控制纳米粒子的形貌就是控制晶体生长的动力学。因为晶体的形态取决于不同晶相面的生长速率，而晶体某一表面的生长程度一方面受晶体结构和晶体缺陷控制，另一方面也受周围环境条件的控制。因此可以从两个角度出发对纳米粉体进行形貌控制。如果在晶体的形成过程中，添加一些能选择性作用于微晶表面的表面改性剂，就可以调节晶体不同晶轴上的生长速率，从而达到控制纳米粒子形貌的目的。同时，还可以通过改变结晶过程中周围环境条件的诸多因素，如溶液的 pH 值、温度、离子强度、溶剂或有机添加剂、反应物配比等，以达到控制纳米粒子形貌的目的[3]。

Song 和 Bae[4,5] 的研究表明，高纯氧化铝中不存在晶粒的异向生长，只有当一定的液相存在时，使柱面与基面的生长速率不同时才能引发晶粒的异向生长。通过软化学工艺合成纳米氧化铝粉体可以实现对其尺寸以及形貌的控制。采用水热合成及适当的煅烧温度可以完成薄水铝石向 γ-Al_2O_3 及 α-Al_2O_3 的转化，在适当的反应条件下，对水热温度、原料配比、水热时间等实验参数进行调节，可以得到其他工艺不可能或难以得到的微观结构。多样的纳米微观结构对最终的氧化铝产品性能有着巨大的影响，可以开拓其新的应用领域[6]。因此，探索水热法高纯氧化铝合成工艺中各因素与粉体微观结构之间的关系具有重要的意义。

5.1 水热产物的性能表征

以摩尔比为 1:3 的异丙醇铝和去离子水为原料，40g 的异丙醇作为介质，采用不同的浓度（以水占醇的摩尔分数计），以水热法在不同温度下水热24h，然后在60℃干燥箱中干燥24h，得到白色粉状水热产物。

5.1.1 XRD 分析

图 5-1 给出了不同原料浓度于200℃下得到的产物的 XRD 图谱。

由图 5 – 1 可知，在不同浓度下，产物的 XRD 衍射峰出现的位置基本一致，说明为同一种物质。通过比对发现，该 XRD 图谱与标准 PDF 卡片 21 – 1307 较吻合，可知随原料浓度的增大，水热产物从开始的拟薄水铝石相（图 5 – 1 d、e、f）向薄水铝石（图 5 – 1 a、b、c）转变（γ-AlOOH）。对比各浓度下的水热产物的 XRD 图谱可以看出，随着浓度的增大，衍射峰峰宽逐渐变窄，峰强逐渐增大，说明形成的晶相发育逐渐变好，具体表现为，晶粒的长大和结晶度的提高。

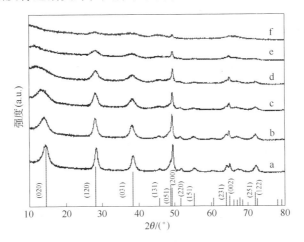

图 5 – 1　不同浓度下水热产物的 XRD 图谱

a—9%；b—6%；c—3%；d—2.25%；e—1.5%；f—0.75%

通过谢乐公式（5 – 1）对（200）晶面对应的晶粒尺寸 D 进行计算：

$$D = K\lambda / (B\cos\theta) \tag{5 – 1}$$

式中，K 为形状因子；λ 为 X 射线的波长；θ 为布拉格衍射角；B 取弧度为劳埃积分宽度。取 $K = 1.0$，$\lambda = 0.154056\text{nm}$。晶面间距 d 及计算得到的晶粒尺寸见表 5 – 1。

表 5 – 1　不同浓度下以（200）晶面进行计算的相关数据

浓度/%	$2\theta_{(200)}/(°)$	$d_{(200)}/\times 10^{-9}$	$D_{(200)}/\text{nm}$
9	49.436	1.844	80.796
6	49.252	1.850	36.756
3	49.364	1.846	31.964
2.25	49.446	1.843	27.973
1.5	49.379	1.846	27.966
0.75	49.421	1.844	24.380

由表 5 – 1 可以看出，（200）晶面对应的晶粒尺寸随浓度的增大而增大，而相应的峰的位置和晶面间距基本不变。另外，从图 5 – 1 还可以看出，（020）晶面对应的峰的位置逐渐向右移动，峰强逐渐增强，说明此晶面对应的晶面间距逐

渐变小，晶粒在相应的方向上逐渐致密化，结晶度提高，晶体发育更加完整。

图 5-2 给出了原料浓度为 9% 时，在不同温度下得到产物的 XRD 图谱。由图 5-2 可以看出，不同温度时，水热产物的 XRD 图谱的衍射峰的位置基本一致，说明产物为同一物质。通过比对发现，图 5-2c、d、e 的 XRD 图谱与上述标准 PDF 卡片 17-0940 同样吻合，可知水热产物同为薄水铝石（AlOOH）。对比各温度下的水热产物的 XRD 图谱可以看出，随着水热温度的升高，晶相从拟薄水铝石相（图 5-2a、b）转变为薄水铝石相（图 5-2c、d、e），衍射峰峰宽逐渐变窄，反映了晶粒尺寸变大，峰强逐渐增大，且在（002）晶面对应的衍射峰逐渐分裂为（231）和（002）两个晶面的衍射峰，这是晶格有序度和对称性提高的表现，反映了水热产物结晶度的不断提高，综上可以说明形成的晶相随水热温度的提高向结晶性能更好方向变化，由图 5-2 和谢乐公式计算所得到的晶粒尺寸的大小及相应的晶面间距列于表 5-2 中。由表 5-2 可以看出，随水热温度提高（120）晶面对应的衍射峰的位置和晶面间距基本不变，而该晶面对应晶粒尺寸逐渐变大，当水热温度从 200℃ 升到 250℃ 时，晶粒尺寸急速增大。

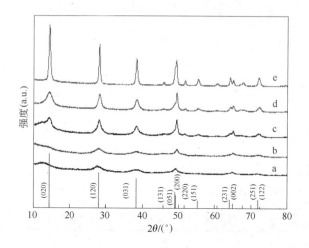

图 5-2　不同温度下水热产物的 XRD 图

a—室温；b—100℃；c—150℃；d—200℃；e—250℃

表 5-2　不同温度下以（120）晶面进行计算的相关数据

水热温度/℃	$2\theta_{(120)}$/(°)	$d_{(120)}$/nm	$D_{(120)}$/nm
室温	27.783	0.3211	45.091
100	28.198	0.3165	100.486
150	28.226	0.3162	181.872
200	28.291	0.3155	202.484
250	28.224	0.3162	474.801

5.1.2 IR 分析

图 5-3 给出了不同浓度在 200℃下水热得到的产物的 IR 图谱。由图 5-3 可以看到：随着原料浓度的增加，形成产物的 IR 图谱在 3750～3000cm^{-1} 的范围内峰形原来宽的吸收峰逐渐变为两个尖锐的吸收峰，这些吸收峰对应（Al）O—H 基团的伸缩振动[7~9]，其中出现在 3325～3314cm^{-1} 处的尖锐的吸收峰对应（Al）O—H 基团的非对称伸缩振动，出现在 3083cm^{-1} 附近的尖锐的吸收峰对应（Al）O—H 基团的对称伸缩振动，这种峰形的变化，应该是由于原料浓度的增大使最终产物中（Al）O—H 基团浓度变大引起的，当浓度从 3% 增加到 9% 时，可以看到非对称伸缩振动峰出现了一定的红移，而对称性伸缩振动峰位置基本不变，这应该是由于在氢键作用下水热产物中（Al）O—H 基团相互连接，提高了其对称性，从而使其非对称伸缩受到限制，是对称性伸缩相对增强引起的；在 1067cm^{-1} 附近出现的尖锐的吸收峰和 1166cm^{-1} 附近出现的肩缝分别对应 Al—O—H 基团的对称弯曲振动和非对称弯曲振动，在浓度从 3% 增加到 9% 时，峰的位置基本不变，但峰强度增大，这说明 Al—O—H 基团的浓度增大；在 733cm^{-1}，610cm^{-1}，481cm^{-1} 附近出现的吸收峰分别对应 AlO 的扭曲振动，伸缩振动和弯曲振动，在原料浓度变化时，它们的位置没有明显移动，只是峰强在逐渐增大，这是由于 AlO 基团的浓度增大引起的。在图 5-3d、e 和 f 中，出现在 3349～3456cm^{-1} 处的宽的吸热峰和 1637cm^{-1} 附近出现的弱的吸热峰分别对应吸附水的伸缩振动和弯曲振动，它们随原料浓度的增大而逐渐消失，说明 AlOOH 中的吸附水的含量正

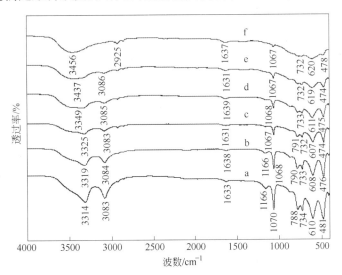

图 5-3 不同浓度下水热产物的 IR 图

a—9%；b—6%；c—3%；d—2.25%；e—1.5%；f—0.75%

逐渐减少。而在图 5-3f 中的 2925cm⁻¹ 处的吸收峰则对应异丙醇铝的特征吸收峰，说明此时有部分异丙醇铝被包覆在形成的拟薄水铝石中间，并未分解完全。

综上可以推论，异丙醇铝随着原料浓度的增大，异丙醇铝分子和水分子相互碰撞发生反应的概率增大，而使水解反应进行的更加彻底，通过水解得到的分子浓度的增大又使其相互之间碰撞发生脱水缩合几率增大，从而使产物逐渐向结晶性能更好的层状产物演化，而相应官能团浓度也逐渐增大；另一方面，水热产物为层状结构，层状结构之间由氢键相互连接，水解逐渐进行彻底，使形成的层状产物浓度增大，相互之间通过碰撞而形成氢键连接的几率增大，使片层逐渐变厚，产物的结晶性能进一步提高，这与 XRD 分析结果一致（见表 5-1），同时这也正是（Al）O—H 基团的非对称伸缩振动受到限制而使其发生红移的原因。

图 5-4 给出了原料浓度为 9% 时，在不同温度下得到的产物的 IR 图谱。由图 5-4 可以看到：随着水热温度的增加，在 3750~3000cm⁻¹ 的范围内峰形原来宽的吸收峰逐渐变为两个尖锐的吸收峰，这些吸收峰对应（Al）O—H 基团的伸缩振动，其中出现在 3314~3292cm⁻¹ 处的尖锐的吸收峰对应（Al）O—H 基团的非对称伸缩振动，出现在 3083~3087cm⁻¹ 处的尖锐的吸收峰对应（Al）O—H 基团的对称伸缩振动，这种峰形的变化，应该是由于水热温度的升高使产物中（Al）O—H 基团浓度变大引起的，当水热温度从 200℃升高到 250℃时，可以看到非对称伸缩振动峰出现了一定的红移，而对称性伸缩振动峰出现轻微蓝移，这应该是由于在氢键作用下水热产物中（Al）O—H 基团相互连接，提高了其对称性，从而使其非对称伸缩受到限制，而对称性伸缩相对增强引起的；在 1070cm⁻¹ 附

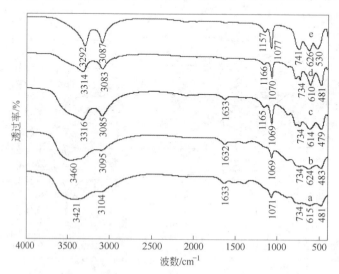

图 5-4　不同温度下水热产物的 IR 图

a—室温；b—100℃；c—150℃；d—200℃；e—250℃

近出现的尖锐的吸收峰和 1166cm⁻¹ 附近出现的肩缝分别对应 Al—O—H 基团的对称弯曲振动和非对称弯曲振动，在水热温度从 200℃ 升高到 250℃ 时前者出现了一定的蓝移，后者出现了一定的红移，应该是由于氢键作用使整个水热产物中 Al—O—H 基团的对称性增加，从而限制了非对称的弯曲振动而增大了对称的弯曲振动；在 734cm⁻¹、610cm⁻¹、481cm⁻¹ 附近出现的吸收峰分别对应 AlO 的扭曲振动，伸缩振动和弯曲振动，在水热温度从 200℃ 升高到 250℃ 时，AlO 基团的吸收峰都出现了一定的蓝移，由于 AlO 为吸电子基团，这种蓝移是由于 AlO 基团的增多引起的。在图 5 - 4a、b 和 c 中，出现在 3460cm⁻¹ 附近的宽的吸热峰和 1633cm⁻¹ 附近出现的弱的吸热峰分别对应吸附水的伸缩振动和弯曲振动，它们随水热温度的升高而逐渐消失，说明产物中的吸附水的含量正逐渐减少。

水热温度的升高同反应物浓度的增大一样，可以提高分子之间相互碰撞的几率，从而提高反应物向晶体产物的转化程度和速度，使形成的晶体发育得更好，片层更厚，而水热温度越高，这种转化的程度和速度变化得越快（见表 5 - 2）。

5.1.3 TEM/HRTEM 分析

图 5 - 5 给出了不同原料浓度于 200℃ 下得到的产物的 TEM 照片。由图 5 - 5

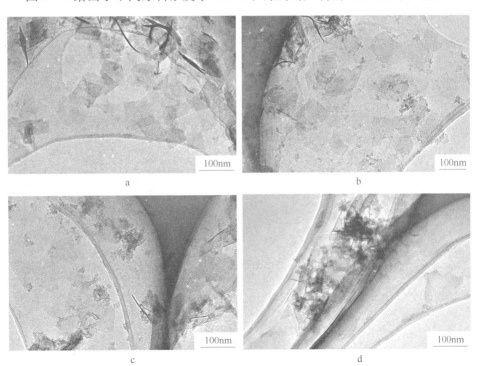

图 5 - 5 不同浓度下水热产物的 TEM 图

a—9%；b—6%；c—3%；d—2.25%

可以看出：原料浓度为9%时，水热产物的形貌发育的最好，为规则完整的菱形片状颗粒，且分散性相对较好，尺寸较均一（见图5-5a），而随着原料浓度的降低，生成的菱形片状颗粒逐渐变薄，这与XRD计算结果一致（见表5-1），菱形片的发育越来越不完整，表现为破碎的菱形片的出现，破碎的边缘较散乱且疏松，但菱形的尺寸大小变化不大，颗粒的团聚越来越严重（见图5-5a、b、c、d）。

图5-6给出了原料浓度为9%时，在不同温度下得到的产物的TEM照片。结合图5-5a和图5-6可以看出：随着水热温度的升高，水热产物逐渐由不规则薄片发育为规则的菱形片状颗粒，团聚现象减轻，不同温度下得到的片状颗粒没有破碎疏松的边缘，但当温度从200℃升高到250℃时，菱形颗粒的厚度明显增大，这也验证了XRD的计算结果（见表5-2）。

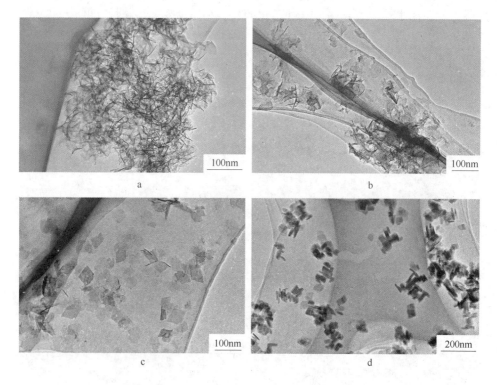

图5-6 不同温度下水热产物的TEM图
a—室温；b—100℃；c—150℃；d—250℃

图5-7给出了在原料浓度为9%时，250℃下得到的产物的HRTEM及相应的FFT照片。

通过查询PDF卡片21-1307知，薄水铝石相AlOOH为正交晶系，晶胞参数

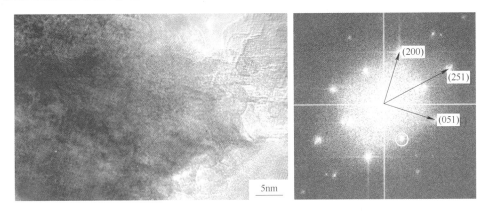

图 5 - 7 250℃下水热产物的 HRTEM 及相应的 FFT 照片

为 3.7 × 12.227 × 2.868 < 90° × 90° × 90° >，其晶面间距的计算公式为：

$$1/d^2 = h^2/a^2 + k^2/b^2 + l^2/c^2 \qquad (5-2)$$

晶面夹角 φ 的计算公式为：

$$\cos\phi = \frac{\dfrac{h_1 h_2}{a^2} + \dfrac{k_1 k_2}{b^2} + \dfrac{l_1 l_2}{c^2}}{\sqrt{\left(\dfrac{h_1^2}{a^2} + \dfrac{k_1^2}{b^2} + \dfrac{l_1^2}{c^2}\right)\left(\dfrac{h_2^2}{a^2} + \dfrac{k_2^2}{b^2} + \dfrac{l_2^2}{c^2}\right)}} \qquad (5-3)$$

使用上述公式结合 XRD 标准 PDF 卡片参数，对图 5 - 7 进行分析计算，与暴露面垂直的两个晶面的晶面指数为（200）和（051），暴露面的晶面指数为（03$\bar{1}$）。圆圈处的衍射斑由 {251} 面的二次衍射引起。

5.2 煅烧产物的性能表征

5.2.1 XRD 分析

图 5 - 8 为不同水热温度得到的产物在 600℃条件下煅烧 3h 后得到的 XRD 图谱。由图可知，600℃煅烧得到的产物峰强较弱，通过与标准 PDF 卡片进行对比发现，该产物 XRD 图谱与卡片 10 - 0425 吻合，可知该煅烧产物[10]为 γ-Al₂O₃，随着水热温度的升高产物煅烧后的 XRD 图谱的峰强逐渐变强，峰形变窄，说明水热温度升高后，产物煅烧后的结晶性能更好，且形成的晶粒尺寸更大，晶体的发育更良好。

图 5 - 9 为不同水热温度得到的产物在 1200℃条件下煅烧 3h 后得到的 XRD 图谱。由图 5 - 9 可知，随着水热温度的升高，经过 1200℃煅烧后的薄水铝石相由刚开始的纯相 α 氧化铝逐渐向 θ 氧化铝转变，当水热温度为 250℃时，我们看到，得到的产物只含有极少量的 α 氧化铝。分析其原因，应该是水热温度升高，得到的水热产物的结晶性能更好，稳定性更高，致使转变为 α 氧化铝的活化能升高，所以在煅烧过程中正交晶体结构的水热产物脱水后原子重排更趋向于转变并

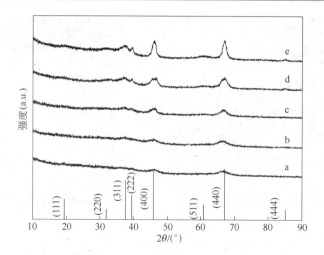

图 5 - 8　600℃煅烧不同水热温度得到的产物的 XRD 图谱

a—室温；b—100℃；c—150℃；d—200℃；e—250℃

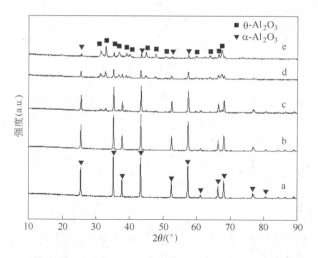

图 5 - 9　1200℃煅烧不同水热温度得到的产物的 XRD 图谱

a—室温；b—100℃；c—150℃；d—200℃；e—250℃

维持为中间态的单斜晶体结构的 θ 氧化铝，而不是转变为所需转变能量更高的六方结构的 α 氧化铝。

5.2.2　IR 分析

图 5 - 10 为不同水热温度得到的水热产物在 600℃ 条件下煅烧 3h 后得到的 IR 图谱。对图 5 - 10 进行分析可知，在 3468 ~ 3450cm^{-1} 附近处的宽峰和 1637cm^{-1} 附近处的弱峰对应水的对称伸缩振动和弯曲振动，应该为制样过程中吸

收的吸附水，而吸附水峰的强度随水热温度的升高逐渐降低，可以解释为形成的 γ-Al₂O₃ 晶体发育的越好（见图 5-8）对水的吸附能力越弱，其原因应该有两方面，发育越好的晶体结构其表面能和活性越低，不易与空气中的水以氢键键合形成吸附水，另外发育越好的晶体，其比表面积越小，进一步降低了吸附水的含量。$900 \sim 500 cm^{-1}$ 处的宽峰对应 Al—O 基团的伸缩振动，当水热温度为 250℃ 时，其峰强突然增强，对应该基团含量的增加，说明晶体发育较好，这也验证了 XRD 的实验结果（见图 5-8）。

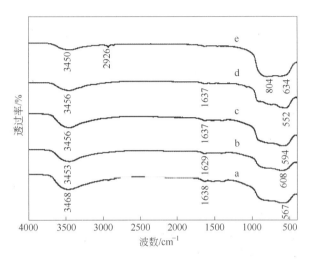

图 5-10　不同温度下水热产物 600℃ 煅烧后的 IR 图

a—室温；b—100℃；c—150℃；d—200℃；e—250℃

图 5-11 为不同水热温度得到的水热产物在 1200℃ 条件下煅烧 3h 后得到的 IR 图谱。对图 5-11 进行分析可知，$3446 cm^{-1}$ 处附近出现的宽的吸收峰为吸附水的伸缩振动峰，$593 cm^{-1}$ 和 $447 cm^{-1}$ 附近出现的吸收峰分别对应 α-Al₂O₃ 中 Al—O 基团的伸缩和弯曲振动特征峰，这些特征峰的峰强随着水热温度的升高逐渐降低，峰的对称性降低，说明 α-Al₂O₃ 中 Al—O 极性增强，振动偶极矩增大，这和产物的相结构由对称性高的 α-Al₂O₃ 向对称性低的 θ-Al₂O₃ 转变有关，另外和晶体的发育程度降低也有一定的关系（见图 5-9）。从图 5-11e 可以看出含少量 α-Al₂O₃ 的 θ-Al₂O₃ 相产物的 Al—O 基团的吸收峰发生了较大的改变，进一步说明相结构的改变会对其红外吸收能力产生较大的影响。

5.2.3　TEM/HRTEM 分析

图 5-12 给出了不同温度下的水热产物经 600℃ 煅烧的 TEM 照片。由图 5-12 可以看出，经过 600℃ 煅烧后产物的整体形貌与煅烧前的形貌基本一致，只是产物由原来的密实结构变为了多孔结构，团聚现象更加严重，边缘变得圆滑。

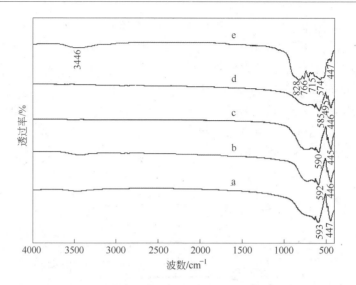

图 5-11　不同温度下水热产物 1200℃煅烧后的 IR 图

a—室温；b—100℃；c—150℃；d—200℃；e—250℃

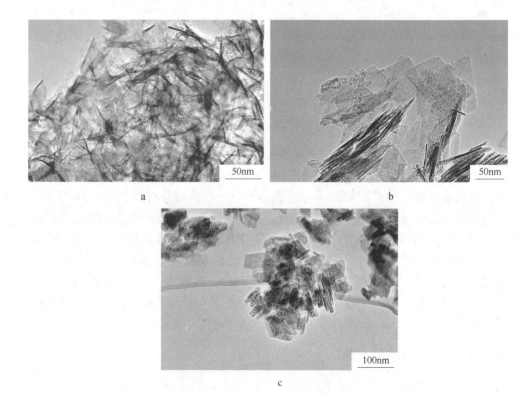

图 5-12　不同温度下水热产物 600℃煅烧后的 TEM 图

a—室温；b—200℃；c—250℃

图 5 - 13 为 250℃的水热产物经 600℃煅烧得到的样品的 HRTEM 照片及其相应的 FFT 图片。XRD 分析结果显示，该煅烧产物为 γ-Al₂O₃，与标准 PDF 卡片 10 - 0425对应，再结合图 5 - 13 分析可知，其暴露面的晶面指数为（$\bar{1}12$），与其垂直的为（$\bar{1}1\bar{1}$）、（$13\bar{1}$）、（220）晶面。

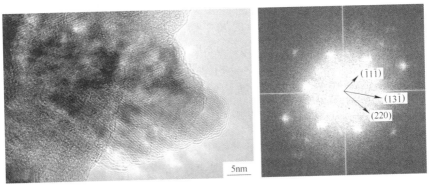

图 5 - 13　600℃煅烧产物的 HRTEM 及相应的 FFT 照片

图 5 - 14 给出了不同温度下的水热产物经 1200℃煅烧的 TEM 照片。

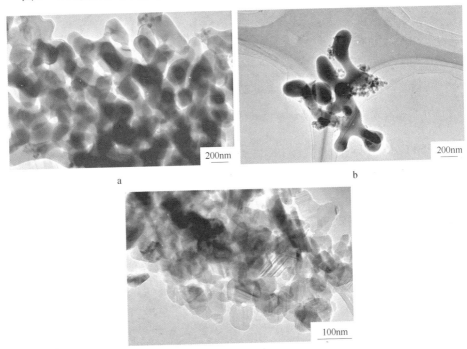

图 5 - 14　不同温度下水热产物 1200℃煅烧后的 TEM 图

a—室温；b—200℃；c—250℃

由图 5 - 14 可以看出，经过 1200℃煅烧后，室温下得到的产物基本变为圆滑的哑铃结构，其颗粒相互融合较严重，其中混合有少量的片状颗粒，200℃水热得到产物煅烧后其混合片状颗粒增多，哑铃状颗粒相互融合现象减轻，而 250℃水热得到的产物则全变为片层状颗粒，且可以明显观察到片状颗粒上有层错出现。

对 200℃水热得到的产物经 1200℃煅烧后的样品中的片状颗粒进行研究。图 5 - 15 为 200℃的水热产物经 1200℃煅烧得到的样品的 HRTEM 照片及其相应的 FFT 图片。结合 XRD 分析结果，对图 5 - 15 进行分析发现，这种片状颗粒的结构与 α-Al_2O_3 的结构符合得很好，其暴露面的晶面指数为 ($1\bar{2}1\bar{6}$)，与其垂直晶面为 ($10\bar{1}0$)、($2\bar{2}01$)、($1\bar{2}11$)，这说明此产物中 α-Al_2O_3 的存在。

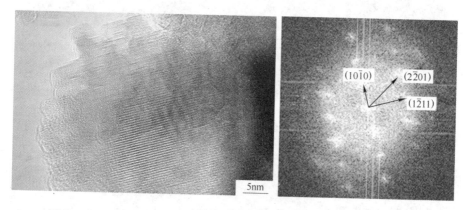

图 5 - 15   200℃水热产物经 1200℃煅烧后的 HRTEM 及相应的 FFT 照片

对 250℃水热得到的产物经 1200℃煅烧后的样品中的片状颗粒进行研究。图 5 - 16 为其 HRTEM 照片及相应的 SAED 照片。结合 XRD 分析结果，对图 5 - 16

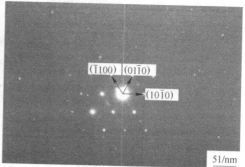

图 5 - 16   250℃水热产物经 1200℃煅烧后的 HRTEM 及相应的 SAED 照片

进行分析，可知此片状颗粒的晶体结构为 α-Al_2O_3，其暴露面为（0001）面，与其垂直的面为（$\bar{1}100$）、（$01\bar{1}0$）、（$10\bar{1}0$）。这进一步说明了煅烧后样品 θ-Al_2O_3 中 α-Al_2O_3 的存在。

另外，在高分辨照片中观察到了层错结构的存在，见图 5 – 17，由于原子面的滑移导致这些堆垛层错结构的出现，而这些层错结构的出现将改变原来的 θ-Al_2O_3 的结构从而使其逐渐向 α-Al_2O_3结构转变。

5nm

图 5 – 17 250℃水热产物经 1200℃煅烧后的 HRTEM 层错照片

5.3 水热产物的煅烧动力学分析

图 5 – 18 为将 200℃水热产物分别以 5K/min、10K/min、15K/min、20K/

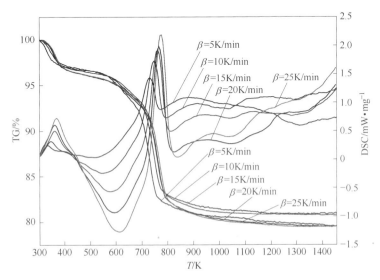

图 5 – 18 产物在不同升温速率下的 TG – DSC 曲线的对比图

min、25K/min 的升温速率于空气气氛下从室温升温到 1200℃的 TG - DSC 曲线的对比图。

由图 5 - 18 可知,水热产物的升温的过程中有两个明显的吸热峰,第一个峰在 300 ~ 500K 之间,对应着 TG 曲线的第一个失重阶段,质量损失量在 2.9% 左右,此阶段的损失应该是由于水热产物表面吸附水脱除引起的。第二个吸热峰在 600 ~ 800K 之间,对应着 TG 曲线的第二个失重阶段,质量损失量在 12.5% 左右,此阶段的损失应该是由于产物内部结构水的脱除造成的。此外,随着升温速率的加大,DSC 曲线越来越尖锐,且峰强变强,这说明升温速率增大有助于热反应速率的提高。

煅烧动力学的分析采用 popescu 法对水热温度为 200℃下得到产物的差重热重曲线进分析。

图 5 - 19 列出了所有升温速率下的 TG - DSC 曲线,并以此图进行煅烧动力学的分析。使用 NETZSCH 软件对图 5 - 19 进行分析,获得各升温速率 (β) 下吸热峰的相关数据,表 5 - 3 列出了分析结果。

表 5 - 3　各升温速率的吸热峰相关计算数据

项目 $\beta/\mathrm{K \cdot min^{-1}}$	峰 1			峰 2			总失重 /%
	起始点/K	终止点/K	失重/%	起始点/K	终止点/K	失重/%	
5	303.2	363.1	2.37	685.6	766.4	9.69	12.06
10	306.8	381.6	2.50	699.1	784.8	9.48	11.98
15	307.9	397.2	2.83	720.6	800.2	9.28	12.11
20	307.1	399.9	3.11	722.8	800.2	9.46	12.57
25	308.8	443.3	3.75	724.2	822.9	10.02	13.77
平均			2.906			9.586	12.492

从表 5 - 3 可以知道各吸热峰对应的失重量,将每段失重量视为单位 1,把对应的反应度也定为单位 1,分别取反应度 $\alpha = 0.05$, 0.15, $\cdots$, 0.95,结合图 5 - 19 计算各反应度对应的温度,从而得到样品在各升温速率的 $\alpha\text{-}T$ 曲线 (见图 5 - 20)。

由 Popescu 法知,给定温度 (T_m, T_n),由 $\alpha\text{-}T$ 曲线可得到不同升温速率 (β_i) 下相应的反应度 ($\alpha_{m, \beta i}$, $\alpha_{n, \beta i}$),但前提是所选择的 (T_m, T_n) 相对应的反应度 $\alpha_{m, \beta i}$ 和 $\alpha_{n, \beta i}$ 要落在 0.05 ~ 0.95 之间。按照上述原则,选取 T_m 和 T_n,使用线性插值法在 $\alpha\text{-}T$ 曲线上找到相对应的反应度 α 的值,相关数据列于表 5 - 4 中。

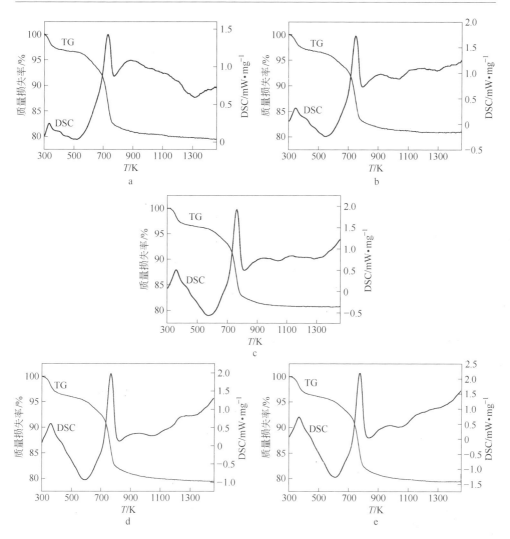

图 5-19 样品在不同升温速率下的 TG-DSC 曲线

a—5K/min；b—10K/min；c—15K/min；d—20K/min；e—25K/min

表 5-4 在不同升温速率下的反应度 α 及相关数据

β/K·min^{-1}	峰 1		峰 2	
	$T_n = 353.4$	$T_m = 326.7$	$T_n = 756.6$	$T_m = 732.5$
5	0.950	0.383	0.950	0.574
10	0.655	0.186	0.739	0.300
15	0.415	0.050	0.490	0.103
20	0.413	0.082	0.393	0.067
25	0.290	0.053	0.313	0.050

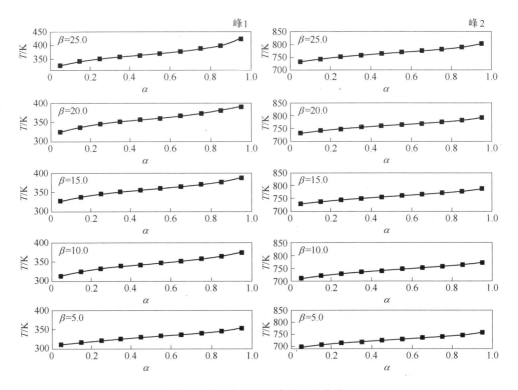

图 5 - 20　各升温速率的 α-T 曲线

按照第 4 章表 4 - 11 给出的动力学积分式模型 g_{mn}，使用表 5 - 4 中的 $\alpha_{m,\beta i}$ 和 $\alpha_{n,\beta i}$，可计算得到不同升温速率下的 g_{mn} 值。由此绘得的 g_{mn} - $(1/\beta)$ 曲线见图 5 - 21。

对图 5 - 21 中的 g_{mn} - $(1/\beta)$ 曲线进行线性拟合，得到标准误差和相关系数等相关数据（见表 5 - 5）。根据模式匹配原则确定水热产物在煅烧动力学的最可能的动力学模型。

表 5 - 5　g_{mn} - $(1/\beta)$ 曲线线性拟合的相关数据

模　型	峰 1		峰 2	
	相关系数	标准差	相关系数	标准差
D_1	0.99221	0.04794	0.92941	0.06990
D_2	0.99518	0.07947	0.98593	0.04943
D_3	0.98215	0.06380	0.99642	0.04631
D_4	0.99200	0.02809	0.99508	0.01762
D_5	0.95194	0.67182	0.96400	0.61674
R_2	0.99648	0.02642	0.96353	0.02096
R_3	0.99761	0.00991	0.98871	0.02958
$C_{1.5}$	0.97189	0.54245	0.98567	0.42520

模　型	峰 1		峰 2	
	相关系数	标准差	相关系数	标准差
C_2	0.95612	3.93727	0.96736	3.53548
A_1	0.99022	0.22353	0.99942	0.08751
$A_{1.5}$	0.99570	0.05355	0.99886	0.11289
A_2	0.99421	0.11409	0.99607	0.16582
A_3	0.97277	0.14569	0.96386	0.17804
P_1	0.93149	0.12831	0.47067	0.17643
P_2	0.09893	0.19539	0.92568	0.21911
P_3	0.54121	0.18527	0.96528	0.19942
P_4	0.67869	0.16555	0.96520	0.17510

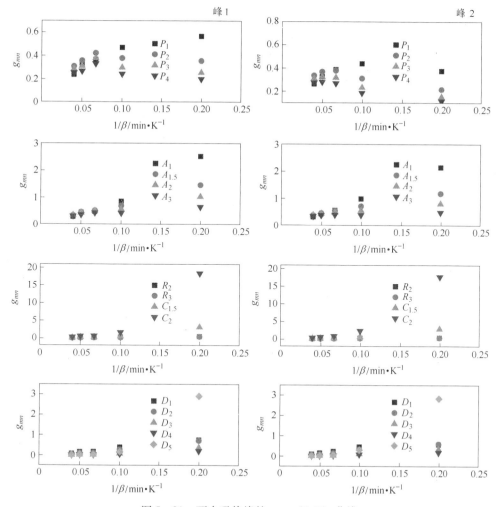

图 5 - 21　两个吸热峰的 g_{mn} - $(1/\beta)$ 曲线

从表 5 - 5 可知，水热处理的产物，在煅烧过程中，第一次质量损失阶段，动力学模型 R_3 的拟合结果最满足匹配原则，其积分式为：$g(a) = 1 - (1 - a)^{1/3}$。该模型用于描述收缩球状，球形对称的三维相界反应，这说明表面吸附水从样品表面，层间水从层状结构的样品中直接脱除，导致整个晶体相界面的改变，从而向内作球形对称收缩，这与片层状氢氧化铝的脱水特性相符，所以该模型满足原则（4）。

对于第二阶段的质量损失过程，动力学模型 D_4 最满足匹配原则，D_4 的积分形式为：$g(a) = (1 - 2a/3) - (1 - a)^{2/3}$。根据实验结果分析可知，样品由片状结构的薄水铝石脱除内部结构水，向不稳定的 $\gamma\text{-}Al_2O_3$ 转变，再转变为晶体结构良好呈圆滑枝状突触结构的 $\alpha\text{-}Al_2O_3$ 的过程中，这些都与 D_4 模型的通过三维扩散而使样品趋向于变为球形对称结构的过程相符，满足匹配原则（4），所以该阶段的动力学模型应选 D_4 模型。

综上，水热产物的热分解过程主要有两个阶段，第一阶段为表面吸附水和层间水的脱除，受 R_3 模型反应机理控制，其积分式为：$g(a) = 1 - (1 - a)^{1/3}$；第二阶段为内部结构水的脱除，遵循三维扩散的 D_4 模型反应机理，其积分式为：$g(a) = (1 - 2a/3) - (1 - a)^{2/3}$。

分别取不同反应度的值，通过图 5 - 20 中的 $\alpha\text{-}T$ 数据构建 $\lg\beta - (1/T)$ 关系图，得到曲线图（见图 5 - 22）。

用最小二乘法对图 5 - 22 中的 $\lg\beta - (1/T)$ 数据进行线性拟合，得到不同反应度对应的拟合直线 $y(\alpha) = ax + b$，将拟合得到的直线斜率 a 及截距 b 代入第 4 章式（4 - 5）和式（4 - 6）即可得到两段失重过程在不同反应度下的煅烧动力学的活化能 E 和指前因子 A，结果列于表 5 - 6。

表 5 - 6　煅烧动力学相关参数计算结果

反应度 α	峰 1			峰 2		
	$E/\text{kJ} \cdot \text{mol}^{-1}$	A/min^{-1}	相关系数	$E/\text{kJ} \cdot \text{mol}^{-1}$	A/min^{-1}	相关系数
0.3	45.811	1.308×10^6	0.9709	140.650	7.124×10^8	0.9769
0.4	44.699	9.704×10^5	0.9735	151.560	5.650×10^9	0.9826
0.5	42.771	5.445×10^5	0.9746	160.446	2.808×10^{10}	0.9849
0.6	41.634	3.842×10^5	0.9750	163.356	4.650×10^{10}	0.9890
0.7	39.929	2.190×10^5	0.9761	164.344	5.442×10^{10}	0.9894
平均	42.969		0.9740	156.071		0.9846

由表 5 - 6 知，水热产物在煅烧过程中的第一脱水阶段的平均活化能为 42.969 kJ/mol，反应度越大，活化能越低，说明随着产物的不断脱水，其脱水活性越来越强，反应速率也越来越快，这可解释为随着反应的进行，晶体的界面结

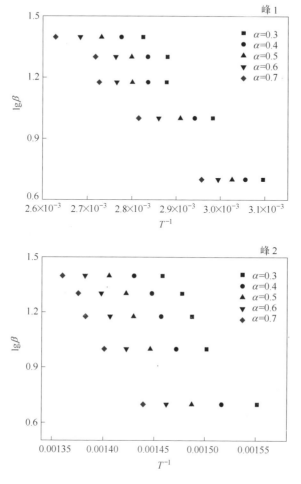

图 5 - 22　不同反应度下的 $\lg\beta - (1/T)$ 曲线

构发生改变，使其与水键合的能量越来越低，所以所需的活化能也因而随之降低。该阶段的指前因子同样随着反应的进行而不断变小，这可能是由于随着活化能的降低，反应物之间的有效碰撞减弱。而该阶段的平均相关系数为 0.9740，结果较为可信。

第二脱水阶段的平均活化能为 156.071kJ/mol，此阶段的活化能随着反应度的增加而降低，与第一阶段相反，这可归因于该阶段的三维扩散效引起的，随着反应的进行，产物的结晶度不断增大（由 XRD 分析结果可知）而使产物的内部不断致密化，可供结构水脱除的孔道越来越少，从而使扩散受到阻碍，致使产物进一步脱水重新结晶需要更高的能量才能完成。该阶段的平均相关系数为0.9846。

参 考 文 献

[1] Tartaj P, Tartaj J. Preparation, characterization and sintering behavior of spherical iron oxide doped alumina particles [J]. Acta Materialia, 2002, 50: 5~12.

[2] James H Adair, Ender Suvaci. Morphological control of particles [J]. Current Opinion in Colloid & Interface Science, 2000, 5: 160~167.

[3] 常玉芬, 沈国良, 宁桂玲, 等. 异丙醇体系中多形态氧化铝纳米粒子的制备研究 [J]. 材料科学与工程学报, 2004, 22 (2): 172~174.

[4] Song H. Origin and growth kinetics of platelike abnormal grains in liquid-phase-sintered alumina [J]. J. Am. Ceram. , 1990, 73 (7): 2077~2085.

[5] Bae I, Baik S. Abnormal grain growth of alumina [J]. J. Am. Ceram. , 1997, 80 (5): 1149~1156.

[6] Zhu H Y, Gao X P, Song D Y, et al. Manipulating the size and morphology of aluminum hydrous oxide nanoparticles by soft-chemistry approaches [J]. Microporous and Mesoporous Materials, 2005, 85: 226~233.

[7] 吕建刚, 张娟, 丁维平, 等. 勃姆石 AlOOH 纳米管的合成与表征 [J]. 无机化学学报, 2007, 23 (5): 897~900.

[8] 吕勇, 陆文聪, 张良苗, 等. 核壳结构 AlOOH 的制备、表征及其生长机制 [J]. 物理化学学报, 2009, 25 (7): 1391~1396.

[9] 张良苗. AlOOH 核壳、空心球的控制合成与组装及 Al_2O_3 纳米粉体、薄膜的廉价制备 [D]. 上海: 上海大学, 2008.

[10] Rong-Sheng Zhou, Robert L. Snyder. Structures and transformation mechanisms of the eta, gamma and theta transition aluminas [J]. Acta. Cryst. , 1991, B47: 617~630.

6 添加剂对醇盐法制备高纯氧化铝粉体微观结构的影响

超细氧化铝粉体对于提高烧结体质量、改善性能和应用都有着重要的价值，所以对纳米氧化铝粉体的制备、分散和性能有着广泛的研究。但是，氧化铝具有多种晶型相，除了热力学稳定的 α 相之外，还有 γ、δ、θ 等十几种热力学不稳定的过渡晶型相[1]，随着温度的升高，这些过渡型相最终将通过 α 相变转变成 α-Al$_2$O$_3$。但是 α 相变温度很高，通常为 1200 ~ 1400℃[2]，在这样高的温度下，氧化铝的烧结过程已经开始产生，所以 α-Al$_2$O$_3$ 粒子一旦形成就会立即长大，同时发生粒子之间相互团聚，并伴有烧结颈产生，形成"蛭石状"（Vermicular Morphology）的硬团聚结构[3]。因此，降低 α 相变的温度是制备 α-Al$_2$O$_3$ 超细粉体、且分散均匀的关键因素之一。而细小、分散的粉体是获得致密、性能优良的烧结块体陶瓷材料的必要条件，所以围绕着降低氧化铝 α 相变温度的研究有着重要的意义。此外，在某些领域应用时（如用作催化剂载体）需要抑制氧化铝 α 相变的发生，提高其热稳定性能，以保持较大的粉体比表面积。由此可见，氧化铝相变温度的高低对于其粉体的质量、性能和块体烧结的影响是至关重要的。

从结晶学的观点看，控制颗粒大小以及反应动力特别有效的方法是添加晶种。由于新相难以形成，而在成核过程中加入的晶种，可以作为晶核形成的引子，也可以在晶种粒子上产生外延成核和外延生长，加快了晶相的转变，降低了成核的活化能，从而降低了 α 相变温度[4]。晶种不仅促进了氧化铝烧结过程的进行，而且对晶粒的细化作用明显，能使晶粒粒度分布范围显著变窄[5]。制备 α-Al$_2$O$_3$ 的合适晶种可为 α-Al$_2$O$_3$、α-Fe$_2$O$_3$、α-Cr$_2$O$_3$、MgO 等；虽然这几种物质都可降低 α 相变温度，改善粉体的微观形貌，但是最适合做晶种的是 α-Al$_2$O$_3$，这是由于，把 α-Al$_2$O$_3$ 作为晶种加入制备 α-Al$_2$O$_3$ 的过程中，并不影响最终产物 α-Al$_2$O$_3$ 的纯度，这一点对于制备高纯 α-Al$_2$O$_3$ 尤为重要[6]。通过球磨过程中高纯氧化铝的磨介的磨屑作为晶种引入到氧化铝的制备过程中，发现也有促进 α-Al$_2$O$_3$ 相变的作用[7,8]。

添加氟化物（ZnF$_2$、AlF$_3$ 等）也能够显著地降低 α 相转变温度。通过 Al$_2$O$_3$ 与氟化物间形成中间化合物 AlOF，从而加速过渡型氧化铝向 α 型氧化铝的成核和核生长过程中的物质扩散，进而降低过渡型氧化铝向 α-Al$_2$O$_3$ 的相变温度；但过多加入量并不利于细晶 α-Al$_2$O$_3$ 的形成，反而导致粉体晶粒度的增大[9]。还有报道说[10]，某些氟化物在较高的温度下，与杂质发生化学反应，从而实现除去杂质的作用。在高温的条件下，以 AlF_3 为除杂剂，去除特级矾土中的 SiO_2、TiO_2 和 Fe_2O_3 等杂质，最终生成 SiF_4、TiF_4 和 FeF_3 等气态物质，反应的方程式如式（6-1）~式（6-3）。

$$3SiO_2 + 4AlF_3 \xrightarrow{\Delta} 2Al_2O_3 + 3SiF_4 \uparrow \qquad (6-1)$$

$$3TiO_2 + 4AlF_3 \xrightarrow{\Delta} 2Al_2O_3 + 3TiF_4 \uparrow \qquad (6-2)$$

$$Fe_2O_3 + 2AlF_3 \xrightarrow{\Delta} Al_2O_3 + 2FeF_3 \uparrow \qquad (6-3)$$

6.1　氧化铝晶种对异丙醇铝水解产物微观结构的影响

图 6-1 给出了异丙醇铝与水按 1:3 配比，在水解条件为 65℃下，加入 5.0%（质量分数）α-Al_2O_3 晶种，在不同煅烧温度下获得产物的 XRD 图谱。

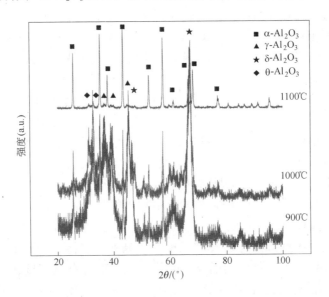

图 6-1　晶种的加入对 α-Al_2O_3 相转变温度的影响

由图 6-1 可以看出，当煅烧温度在 900℃、1000℃ 的时候，存在明显的 γ-Al_2O_3、δ-Al_2O_3、θ-Al_2O_3 的衍射峰，此时，氧化铝的晶相是一种混相结构，没有转变成 α-Al_2O_3 相；当煅烧温度达 1100℃ 时，α-Al_2O_3 的衍射峰变的十分明显，同时，γ-Al_2O_3、δ-Al_2O_3、θ-Al_2O_3 的衍射峰变得十分微弱，氧化铝粉体已基本转变为 α 相。通常醇盐水解制备 α-Al_2O_3 粉体 α 相转变温度是在 1200℃ 以上；从 X 射线衍射图可以看到，晶种加入使得 α 相转变温度降低了近 100℃。

王细凤等[11]在晶种加入量对氧化铝 α 相转变温度方面进行了研究，结果如表 6-1 所示。

表6-1　晶种加入量对氧化铝相变的影响

温度/℃	500	700	800	900	1000	1050	1100	1150
空白	γ	$\gamma + \delta$	$\delta + \theta$	$\delta + \theta$	$\theta + \alpha$	$\theta + \alpha$	$\theta + \alpha$	α
1%	γ	$\gamma + \delta$	$\delta + \theta$	$\delta + \theta$	$\theta + \alpha$	$\theta + \alpha$	$\theta + \alpha$	α
3%	γ	$\gamma + \delta$	$\delta + \theta$	$\delta + \theta$	$\theta + \alpha$	$\theta + \alpha$	α	α
5%	γ	$\gamma + \delta$	$\delta + \theta$	$\delta + \theta$	$\theta + \alpha$	α	α	α
7%	γ	$\gamma + \delta$	$\delta + \theta$	$\delta + \theta$	$\theta + \alpha$	α	α	α

α-Al$_2$O$_3$晶种的加入不改变氧化铝粉体的转相顺序，从前驱体到α-Al$_2$O$_3$粉体的形成，仍需经过如下几种晶型的转变：

$$AlOOH \longrightarrow \gamma\text{-}Al_2O_3 \longrightarrow \delta\text{-}Al_2O_3 \longrightarrow \theta\text{-}Al_2O_3 \longrightarrow \alpha\text{-}Al_2O_3$$

但晶种加入量对α-Al$_2$O$_3$相转相速度有一定的促进作用，当加入晶种量少于5%时，随着晶种量的增加，转相温度有所下降，这是因为γ-Al$_2$O$_3$、δ-Al$_2$O$_3$、θ-Al$_2$O$_3$的晶格结构都是近似的阴离子立方密堆积，它们间的转变为位移转变，所需的激活能低。$\theta \rightarrow \alpha$是重建性的，经历成核和晶体生长过程，特别是这一转变过程中的成核过程，需要较高的能量才能成核，因此往往需要较高的温度以克服α-Al$_2$O$_3$在θ-Al$_2$O$_3$基体中的形核势垒。θ-Al$_2$O$_3 \rightarrow \alpha$-Al$_2$O$_3$的相变速度可表示为[12]：

$$J = Z\beta N\exp(-\Delta G/kT) \tag{6-4}$$

式中，J为稳态形核速率；Z为非平衡因子；β为扩散因子；N为单位体积基体中的形核位置数；ΔG为形核功；k为气体常数；T为绝对温度。

由式（6-4）可见，在恒定温度下，提高单位体积基体中的形核位置数N或降低形核功ΔG均可提高相变的形核速率J。若保持J不变，N的提高或ΔG的降低也可使相变过程在较低的温度下完成。

α-Al$_2$O$_3$籽晶对θ-Al$_2$O$_3 \rightarrow \alpha$-Al$_2$O$_3$相变温度的降低正是形核位置数的提高和形核功的降低两方面共同作用的结果。

未添加晶种和添加晶种两种情况的临界成核功分别为：

$$\Delta G = \frac{16\pi\sigma^3}{3(\Delta G_V)^2} \tag{6-5}$$

$$\Delta G^* = \Delta G\left(\frac{2 - 3\sin\theta + \cos^3\theta}{4}\right) = \Delta G \cdot f(\theta) \tag{6-6}$$

式中，σ为θ相与α相界面能；ΔG_V为θ、α两相单位体积自由能之差；θ角为α-Al$_2$O$_3$晶种与以此为基点形成的新生α-Al$_2$O$_3$晶核间的夹角[13,14]。

由于α相与θ相的结晶特性极相近，θ值极小，由式（6-5）和式（6-6）可知，$\Delta G > \Delta G^*$，也就说添加晶种情况的临界成核功小于未添加晶种的临界成核功。

随着晶种含量的增多，前驱体中晶核密度增大，提供了更多的晶核形核位置点，其成核率也随之增大。Dynys 等[15] 报道硫酸铝铵热分解产生的 γ 相的成核率仅为 108 个/cm^3，而加入一定量平均粒径为 0.1 μm 的 α-Al$_2$O$_3$ 晶种可使 θ → α 相变的成核率提高至 1013 个/cm^3。但当加入晶种量高于 5% 时，其转相温度不能再进一步降低，这是因为加入晶种量太多将提高 θ-Al$_2$O$_3$ 相生长活化能至 100 kJ/mol 以上，从而阻碍 θ-Al$_2$O$_3$ 相的生长，导致 θ-Al$_2$O$_3$ 晶粒不易生长到转变为 α-Al$_2$O$_3$ 的临界晶核尺寸（$D_c \approx 22$nm），减少 α-Al$_2$O$_3$ 相生成，使得过渡相 γ-Al$_2$O$_3$、δ-Al$_2$O$_3$、θ-Al$_2$O$_3$ 存在[14,16,17,18]。

图 6-2 给出了异丙醇铝与水按 1:3 配比，在水解条件为 65℃ 下，加入不同量 α-Al$_2$O$_3$ 晶种，在 1100℃ 下煅烧获得产物的 SEM 图片。

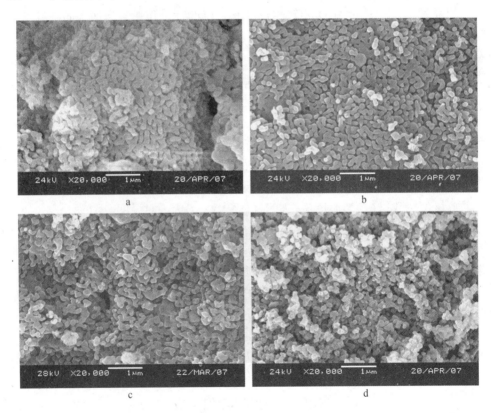

图 6-2　氧化铝晶种加入量对氧化铝微观形貌影响

a—0.0% 晶种（质量分数）；b—1% 晶种（质量分数）；c—3% 晶种
（质量分数）；d—5% 晶种（质量分数）

由图 6-2 可以看出，未加晶种时，得到的氧化铝颗粒之间相互黏结，团聚严重，会出现比较明显的颈项烧结现象；晶种加入量为 1%（质量分数）时，颗粒黏结较轻，团聚没有前者严重；此后随晶种加入量的增加，煅烧得到的氧化铝粉体的分散性也随之得到改善[19]，且颈项烧结现象减轻，颗粒尺寸变小。

　　晶种加入对氧化铝粉体尺寸及分散性影响的原因在于，晶种的加入使同样的空间有更多的晶体生长点，从而造成晶粒之间的平均距离变短，当临近的晶界相遇时，妨碍晶体生长，限制了质点的迁移，从而减小了相变后的颗粒尺寸。有限的晶体生长的空间是导致晶粒变细的主要原因。另外其转相温度降低，也抑制了晶体的生长及粒子的团聚，因而加入晶种所得到的 α-Al₂O₃ 粉体具有较小的粒径及更好的分散性[5,11]。

　　向 γ-Al₂O₃ 中加入 α-Al₂O₃ 晶种，通过高能球磨方法也会实现氧化铝的 γ 相向 α 相转变，同时也会造成粉体微观形貌的改变。M. Bodaghia 等[20]研究了纯 γ-Al₂O₃ 和加入少量 α-Al₂O₃ 晶种的 γ-Al₂O₃ 分别经高能球磨 20 h 和 30 h 后微观结构的变化。结果发现纯 γ-Al₂O₃ 相稳定性很高，经高能球磨不发生相转变。而添加纳米尺寸为 50 nm α-Al₂O₃ 晶种于 γ-Al₂O₃ 中，经高能球磨后其微观结构发生了明显变化，结果如图 6-3 和图 6-4 所示。

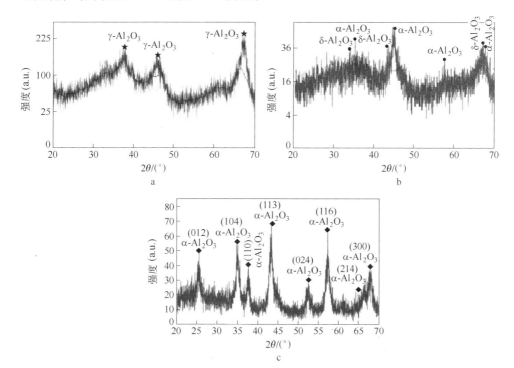

图 6-3　加入少量 α-Al₂O₃ 晶种的 γ-Al₂O₃ 经不同球磨时间获得产物的 XRD 图谱

a—未球磨 ；b—20h ；c—30h

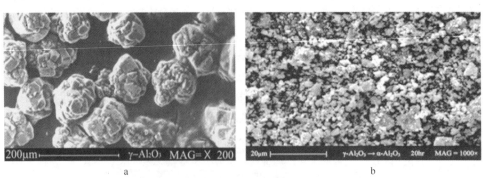

图 6 - 4　加入少量 α-Al₂O₃ 晶种的 γ-Al₂O₃ 经不同球磨时间获得产物的 SEM 图片

a—未球磨；b—20h；c—30h

由图 6 - 3 可以看到，经 20 h 球磨，发生部分 γ-Al₂O₃ 向 α-Al₂O₃ 的转变，经 30 h 球磨则全部转变为 α-Al₂O₃。从图 6 - 4 可以看到，随球磨时间的延长，球磨产物颗粒尺寸经历了由变小再变大的过程。

在有 α-Al₂O₃ 晶种加入进行的高能球磨过程中，球磨过程使得颗粒不断地发生变形、冷焊和破碎，在颗粒内部会产生大量的各种缺陷，从而降低了原子扩散所需的能量，这样通过扩散在消耗 γ-Al₂O₃ 同时会在 α-Al₂O₃ 晶种上不断产生新的 α-Al₂O₃ 相。

表 6 - 2 列出了不同研究者采用球磨法对氧化铝 γ 相向 α 相转变的研究结果。由表 6 - 2 结果可以看出，球磨对氧化铝 γ 相向 α 相转变受很多因素的影响。不同前驱物、不同球磨设备及转速等对产物晶相均有影响。

除了 α-Al₂O₃ 晶种对氧化铝 γ 相向 α 相转变温度及微观形貌有影响外，其他类型添加剂也会对氧化铝相转变过程有影响。L. A. Xue 和 I. W. Chen 两人[27] 曾研究了其他类型添加剂对醇盐水解产物从 γ 相向 α 相转变温度的影响，结果见表 6 - 3。

表 6-2　γ-Al$_2$O$_3$粉体球磨后的相转变

起始相	磨型号	球磨条件	球磨时间/h	产物相	参考文献
γ-Al$_2$O$_3$	Fritsch Pulversette 9	WC 球磨，100r/min	2	δ-Al$_2$O$_3$	[21]
δ-Al$_2$O$_3$	Fritsch Pulversette 9	WC 球磨，100r/min	10	θ-Al$_2$O$_3$	[21]
γ-Al$_2$O$_3$	SPEX8000	WC 球和罐，在空气/氩气中	10	α-Al$_2$O$_3$	[22]
κ-Al$_2$O$_3$/χ-Al$_2$O$_3$	SPEX8000	WC 球和罐	<10	α-Al$_2$O$_3$	[22]
γ-AlOOH	Fritsch Pulversette 7	WC 球和罐	2.5	α-Al$_2$O$_3$	[23]
Al(OH)$_3$	Fritsch Pulversette 7	WC 球和罐	7	α-Al$_2$O$_3$	[23]
γ-Al$_2$O$_3$	SPEX8000	WC 球和罐	10	α-Al$_2$O$_3$	[24]
γ-Al$_2$O$_3$	SPEX8000	WC 罐，空气中	24	γ-Al$_2$O$_3$	[25]
γ-Al$_2$O$_3$	Fritsch Pulversette 5	硬质钢罐，1200r/min	56	α-Al$_2$O$_3$	[26]

表 6-3　添加不同添加剂及对应氧化物从 DTA 测得的氧化铝 γ 相向 α 相转变温度

添 加 剂	添加浓度(摩尔分数，%)	T_p/℃
无	—	1216
H$_3$BO$_3$[B$_2$O$_3$]	1	1254
	5	1258
(C$_2$H$_5$O)Si[SiO$_2$]	1	1268
ZrOCl$_2$[ZrO$_2$]	1	1291
LiNO$_3$[Li$_2$O]	1	1215
LiF	1	1212
V(CH$_3$COCHCOCH$_3$)[V$_2$O$_5$]	1	1190
Cu(NO$_3$)$_2$	1	1185
CuO/Cu$_2$O	5	1114
Ti[O(CH$_2$)$_3$CH$_3$]$_4$ + Mn(NO$_3$)$_2$[TiO$_2$+MnO/Mn$_2$O$_3$]	1 each	1171
Ti[O(CH$_2$)$_3$CH$_3$]$_4$ + Cu(NO$_3$)$_2$[TiO$_2$+CuO/Cu$_2$O]	1 each	1149
ZnF$_2$	1	1035
	5	990

从表 6-3 可以观察到，B、Si、Zr 氧化物提高了 γ 相向 α 相转变温度；过渡态金属氧化物则降低了 γ 相向 α 相的转变温度；其中氟化物 ZnF$_2$ 降低 γ 相向 α 相转变温度的幅度最大。从图 6-5 可以间接得出添加剂（Li、V、Cu、Ti + Mn、Ti + Cu、Zn 氧化物或氟化物）在 γ 相向 α 相转变温度以下产生液相，通过液相传质，降低了相转变温度，同时发生晶粒长大现象。B 氧化物提高 γ 相向 α

相转变温度原因是它起到稳定 θ 相作用，使得 θ 存在温度提高到 1000℃ 以上，从而提高了 α 相晶核形成温度；Zr 氧化物在氧化铝相转变中的作用是由于它分散在氧化铝表面，氧化铝蠕变或长大时阻止界面间的反应，从而阻碍 α 相晶核形成；关于 Si 氧化物在氧化铝相变中的作用则可能是它与氧化铝形成莫来石相造成的。

图 6 - 5　γ-Al$_2$O$_3$ 转变为 α-Al$_2$O$_3$ 粉体微观形貌

a—未加添加剂；b—加 1%（质量分数）B 添加剂；c—加 1%（质量分数）Cu 添加剂

6.2　氟化物对异丙醇铝水解法制备氧化铝微观结构的影响

从表 6 - 3 中可以看到氟化锌添加剂对异丙醇铝水解制备氧化铝相转变温度的影响比较大，而 LiF 的影响相对较小，表明不同氟化物在氧化铝相转变过程中的作用机理不同。因此有必要对氟化物的影响进行单独探讨。

图 6 - 6 给出的是以 AlF$_3$ 作为添加剂，添加量为 3%（质量分数），加入到异丙醇铝水解产物中，再经不同温度煅烧所得产物的 XRD 谱图。

在图 6 - 6 中，将各煅烧温度下所得产物的 XRD 谱图与标准卡片进行比对。当煅烧温度为 550℃ 和 800℃ 时所得样品的谱线相似，经过与标准卡片比对后得出的产物为 γ-Al$_2$O$_3$，当煅烧温度升至 900℃ 时产物的谱图特征显示为 α-Al$_2$O$_3$ 相，当煅烧温度高于 900℃，即 1000℃、1100℃ 及 1200℃ 下 Al$_2$O$_3$ 保持 α 相不变，同时由 XRD 衍射谱图各峰强度和宽度变化不大，可以得出 900℃ 以上煅烧对产物相结构及晶粒尺寸没有明显的影响。

在不引入任何添加剂的情况下，氧化铝的 α 相变需在 1200℃ 以上才能完成，实验结果表明在水解产物中引入 AlF$_3$ 可以明显降低 Al$_2$O$_3$ 的 α 相变温度。

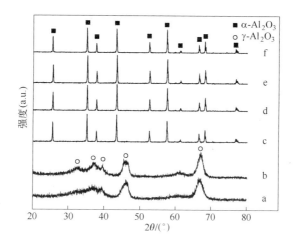

图 6 - 6　不同煅烧温度下产物的 XRD 谱图

a—550℃；b—800℃；c—900℃；d—1000℃；e— 1100℃ ；f—1200℃

在不引入添加剂的情况下，氧化铝相变的全过程可以分为过渡相之间的转变和过渡相向 α 相转变阶段。氧化铝的 γ、δ、θ 相等过渡相间的转变过程中，O^{2-} 离子呈面心立方排布（FCC）保持不变，而处于四面体和八面体间隙中的 Al^{3+} 离子亚晶格的有序度随着热处理温度的升高而增大，并且相应的晶体缺陷逐渐减少。该过渡相转变过程是 Al^{3+} 离子的局部迁移，而 O^{2-} 离子排列没有变化，转变前后结构差异小，转变时并不打开任何键或改变最邻近的配位数，只是离子位置发生少许位移，使次级配位发生改变，该转变过程属于位移性转变。由于位移性转变仅仅是键长和键角的改变，不发生化学键的破坏与形成，故该过程在较低的温度下可以完成。$\alpha-Al_2O_3$ 晶胞中 O^{2-} 离子近似地作六方最紧密堆积（HCP），Al^{3+} 离子填充在 6 个 O^{2-} 离子形成的八面体间隙中，因此氧化铝由过渡相向 α 相的转变过程中，O^{2-} 离子由 FCC 排布转变为 HCP 排布，转变前后结构差异大，需要破坏化学键并形成新键结构，属于晶格重构性转变。化学键结构的改变需要较大的能量，所以在没有外界环境的干扰下需要较高的温度才能完成，一般这种转变要在 1200℃以上完成。

在前驱物中引入一定量 AlF_3 作为添加剂的条件下，AlF_3 分子的存在不仅破坏了原氧化铝晶体内部原子有规则的排列，而且使 AlF_3 分子周围的周期性势场发生改变，从而形成缺陷。当 AlF_3 进入 Al_2O_3 基质晶体时，以负离子为基准所发生的缺陷反应方程式为：

$$AlF_3 \xrightarrow{Al_2O_3} 3F_O^{\cdot} + Al_{Al} + V_{Al}'''　　　　（6-7）$$

以正离子为基准发生的缺陷反应方程式为：

$$2AlF_3 \xrightarrow{\ Al_2O_3\ } 2Al_{Al} + 3F_O^{\cdot} + 3F_i' \tag{6-8}$$

根据以上两个反应方程式可以看出，发生反应后分别可以产生空位和间隙原子缺陷，但是由于 F^- 离子与 O^{2-} 离子半径尺寸相差不大，因此，F^- 离子进入间隙位置以及发生间隙扩散所需的能量较高，相比之下空位形成能较低，故产生的缺陷以 Al^{3+} 离子空位为主，即 AlF_3 的引入提高了 Al^{3+} 离子的空位浓度，从而加速了 Al^{3+} 离子的扩散速度，促进了 Al_2O_3 的晶相转变，使得相变在较低的温度下得以进行。

另外，在高温煅烧过程中，被吸附的 AlF_3 分子与晶体表面水分子发生化学反应，从而可以起到促进相变过程的作用。由于 $\gamma\text{-}Al_2O_3$ 具有很高的活性及比表面积，因此吸湿性能强，能从空气中吸附 H_2O 分子。在高温状态下，AlF_3 与吸附的 H_2O 发生如下反应：

$$2AlF_3 + 3H_2O == Al_2O_3 + 6HF \tag{6-9}$$

反应生成的 HF 除部分逸出外，与 Al_2O_3 发生反应：

$$6HF + Al_2O_3 == 2AlF_3 + 3H_2O \tag{6-10}$$

生成的产物 AlF_3 又会发生反应（6-9），由此可见该反应可以不断进行下去。但是，反应（6-9）并非直接发生，而是可能通过以下的（Ⅰ）、（Ⅱ）两个次级系列反应完成的：

（Ⅰ）形成甚至在高温下也稳定的 AlOF 气态化合物的中间相：

$$AlF_3 + H_2O == AlOF + 2HF \tag{6-11}$$

AlOF 气态化合物中间相的具体结构目前尚未确定，但在 Al_2O_3 完成由过渡相转变为 α 相的过程中起到了气相传质的作用，加速了原子的迁移速率，促进晶型的转变。AlOF 形成氧化铝的反应：

$$3AlOF == Al_2O_3 + AlF_3 \tag{6-12}$$

$$2AlOF + H_2O == Al_2O_3 + 2HF \tag{6-13}$$

（Ⅱ）生成 Al_2O 中间相的反应：

$$2AlF_3 + 3H_2O == Al_2O + 6HF + O_2 \tag{6-14}$$

最终 Al_2O 中间相参与反应生成氧化铝：

$$3Al_2O == Al_2O_3 + 4Al \tag{6-15}$$

$$Al_2O + 2H_2O == Al_2O_3 + 2H_2 \tag{6-16}$$

Al_2O 中间相的生成同样起到了加速原子迁移速率的作用，有利于促进氧化铝晶相转变。

在相变过程中，AlF_3 参与化学反应，通过生成气相化合物中间产物的方式促进原子迁移，加速晶相转变，从而使 Al_2O_3 的 α 相变温度降低到本实验所得的 $800 \sim 900℃$ 之间。

图 6-7 给出了 AlF_3 不同添加量下，$1200℃$ 煅烧所得到的 $\alpha\text{-}Al_2O_3$ 粉体产物的

SEM 图。

图 6-7 AlF$_3$ 含量对 α-Al$_2$O$_3$ 微观结构的影响

a—0.5%（质量分数）；b—2%（质量分数）；c—5%（质量分数）；
d—10%（质量分数）；e—20%（质量分数）

由图 6-7 可见，选用 AlF_3 作为添加剂，当其含量达到一定值时，最终所制备得到的 $\alpha\text{-}Al_2O_3$ 呈六边形板状结构。AlF_3 的引入抑制了"哑铃型"形貌的形成，同时促进了晶粒的生长，最终得到了较大粒径的 $\alpha\text{-}Al_2O_3$ 粉体样品。当前驱物中含有 0.5%（质量分数）的 AlF_3 时，由于其含量较低而未能充分起到促进板状生长的作用，见图 6-7 a。当含量达到 2%（质量分数）时，$\alpha\text{-}Al_2O_3$ 晶粒为不规则的板状，如图 6-7b 所示，呈中间略鼓的圆盘状。随 AlF_3 引入量的增大，$\alpha\text{-}Al_2O_3$ 晶粒的生长趋于规则，形貌趋于完整，当引入 20%（质量分数）后，得到的 $\alpha\text{-}Al_2O_3$ 具有两个平滑的平行面，且呈现较为理想的六边形板状结构。

$\alpha\text{-}Al_2O_3$ 属于三方晶系，空间群 R3c。由于 AlF_3 的存在而造成了各晶面沿所在晶轴的生长速率不一致，最终影响了原有形貌。按六方四轴定向，将四次轴定为 c 轴，则晶面（0001）为正取向即呈六角形状的平面。

从晶体的生长过程来看，晶面的生长速率决定其微观结构特征，生长速率较大的面逐渐变小甚至消失，而生长速率较小的面将被保持下来，其形状由生长速率较大晶面的生长情况决定。由于晶体内部的无规则热运动和原子间的范德华引力的作用，晶体的生长过程实质上是生长基元从流体相中运动到界面附近并被吸附到界面上，然后通过脱水反应聚合从而不断进入晶格内部的过程。所谓"基元"即结晶过程中最基本的结构单元，可以是原子、分子，也可以是具有一定几何构型的原子或分子聚集体。李汶军等在负离子配位多面体生长基元模型的基础上建立了晶体生长机理模型和界面模型，进一步又提出了晶体形貌判定法则，其主要内容为：晶体结构中配位多面体在界面上所显露的元素（顶点、棱、面）决定了各面簇界面的生长速率。

（1）如配位多面体在各面簇的界面上显露的元素种类不同，则显露配位多面体顶点的界面生长速率大，显露配位多面体棱的界面次之，显露配位多面体面的界面生长速率最小。

（2）如配位多面体在界面上所显露的元素（顶点、棱、面）种类相同，例如都显露顶点，则各界面的生长速率与单位面积界面上显露的配位多面体的顶点数目有关，显露配位多面体的顶点越多，即该界面生长速率越大。

在先驱体中加入了 AlF_3 添加剂后，AlF_3 吸附于晶面上，并在高温下与界面上的 Al^{3+} 离子和 O^{2-} 离子产生相互作用，改变了晶体界面上的电荷分布。由于晶面对 AlF_3 的吸附具有选择性，因此 AlF_3 对各晶面所显露配位多面体的元素种类以及数目的影响具有差异。对于（0001）晶面及其对称面与另外六个柱面相比，界面上显露配位多面体的元素种类和数目不利于晶面的快速生长，而六个柱面沿所在晶轴生长速率相对较大，伴随柱面的快速生长其本身的界面相对逐渐减小，（0001）面及其对称面则得以保留，并呈现出六角形状的特征。

除此之外，还可以通过吸附理论的角度解释板状晶粒的形成。固体表面层分子和内部分子受力不同，表面层分子存在着不饱和力场，因此可以对周围的 AlF_3 产生吸附作用。因为 AlF_3 的存在使得晶体表面电荷排布发生变化，同时晶体的表面张力具有各向异性，所以不同晶面对 AlF_3 产生的选择性吸附能力不同。通常情况下，原子排列越紧密的晶面，其表面张力越小，吸附能力越差。在 α-Al_2O_3 晶体中，（0001）及其对称晶面为原子紧密排列面，对气相分子的吸引能力较弱，所以通过气相介质传输的物质也就相对较少，积累的生长基元不足造成了这些晶面沿所在轴方向生长相对缓慢。通常情况下，生长速率小的晶面结构发育得较完整，所以（0001）及其对称晶面比较均匀平滑，而其他晶面由于迅速的生长产生了较多的晶体缺陷，这有利于晶面的生长，所以又促进了生长速率的进一步增大，导致这些晶面逐渐减小，最终形成了板状的微观结构特征。

在晶体的生长过程中，AlF_3 可能会对与之相邻的多个配位多面体基元同时产生作用。对于同一取向，不同晶粒的不同晶面具有不同的生长速度，生长速率较大的晶面在这一取向上会与其他晶面汇合，继续生长就会出现板状间的相互交叉，形成如图 6-8 所示的嵌入结构。这种嵌入结构的晶面夹角及交叉程度受到配位多面体基元所处环境的影响。

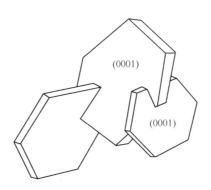

图 6-8　α-Al_2O_3 板晶的嵌入结构图

基于以上的原理分析，可见 α-Al_2O_3 晶粒形成规则的板状微观结构及嵌入式结构的趋势随 AlF_3 添加剂引入量的增加而增大。

图 6-9 为 AlF_3 添加量为 3%（质量分数），不同煅烧温度下获得产物的 SEM 图片。

由图 6-9 可以看出，经 800℃ 煅烧得到的粉体样品呈絮状团聚体，样品中没有出现完整的大晶粒。当煅烧温度升至 900℃ 时，得到的颗粒尺寸在 $10\mu m$ 左右，分散性良好，晶粒呈现近似六边形板状结构的粉体。随着煅烧温度的继续升高，在 1000℃、1100℃ 以及 1200℃ 下得到的粉体产物微观形貌与 900℃ 下的相差不大，晶粒均具有相似的板状微观形貌以及相近的粒径尺寸。

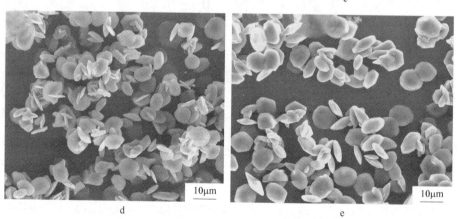

图 6 - 9　不同煅烧温度下产物的 SEM 图像

a—800℃；b—900℃；c—1000℃；d—1100℃；e—1200℃

将图 6 - 9 结果与图 6 - 6 中的 XRD 曲线对照可知，在 800℃下氧化铝前驱体

转化为 γ - Al$_2$O$_3$晶态，没有出现 α 相，因此在 SEM 图像中没有出现发育完整的晶粒，而是呈现絮状团聚体的特征。当温度升至 900℃时，γ - Al$_2$O$_3$完全转化为 α-Al$_2$O$_3$，晶粒生长均匀，呈板状。热处理温度继续提高至 1000℃、1100℃、1200℃后，各温度下所获得的氧化铝保持 α 相不变，验证了 α 相是氧化铝所有晶相中热力学最稳定的晶相的结论。理论上，随热处理温度的升高，晶粒的粒径尺寸会增大，并且粒子间的团聚加剧。但是，由于 AlF$_3$的存在，其选择性吸附与气相传质的共同作用下造成晶粒的各晶面生长速率不一致，即促进某些晶面生长的同时对其他晶面的生长具有抑制作用，当 α 相生成后，AlF$_3$的生长抑制作用占主导地位，使得晶粒的生长受到限制。因此，引入 AlF$_3$添加剂后，一旦 α-Al$_2$O$_3$生成，其随温度的继续升高晶相保持不变，微观结构变化不大。

引入 AlF$_3$作为添加剂，不同的前驱物所制备得到的 α-Al$_2$O$_3$具有不同的微观结构特征，如图 6 - 10 所示。

图 6 - 10   以不同前驱体制备的 α-Al$_2$O$_3$ SEM 图像

　　分别以两种干燥的粉体 γ-Al_2O_3 + AlF_3 及 Al (OH)$_3$ + AlF_3 作为前驱体得到的 α-Al_2O_3 晶粒均为细小的颗粒状团聚体，如图 6 - 10 a、b 所示。当将 γ-Al_2O_3 + AlF_3 与异丙醇混合一定时间干燥后煅烧，所得 α-Al_2O_3 呈板状并且具有较大的粒径尺寸，如图 6 - 10c 所示。

　　对于样品 a 和 b，AlF_3 都是通过研磨的方式与氧化铝的两种前驱体干粉进行混合，这种混合方式可能造成 γ-Al_2O_3 与 AlF_3 之间或 Al(OH)$_3$ 与 AlF_3 之间的接触不紧密，留有一定空隙，或仅仅发生物理上的接触，这样在热处理阶段 AlF_3 的气相传质作用以及对晶粒表面的影响作用将会受到限制，而最终反映在 α-Al_2O_3 粉体样品的微观形貌上。而样品 c 是通过异丙醇液相为介质将 γ-Al_2O_3 与 AlF_3 进行混合的，因此该混合比较均匀。另外在干燥过程中，胶体粒子间含有大量液体介质（异丙醇），在蒸发过程中由于毛细管作用而容易在粒子间形成强的结合力，促使粒子间接触得更加紧密，在后续的热处理过程中 AlF_3 的作用充分体现，得到了较大粒径尺寸并呈板状微观形貌的 α-Al_2O_3。

　　张野[20] 曾研究了添加 AlF_3 条件下不同球磨时间对氧化铝微观形貌的影响。图 6 - 11 是在 γ - Al_2O_3 中添加 3%（质量分数）AlF_3 于异丙醇溶液中分别球磨 2h、3h、4h、6h，得到的产物经 1200℃、煅烧得到的 α-Al_2O_3 的 SEM 图片。

　　由图 6 - 11 可以看出，当球磨 2h 时，氧化铝呈圆饼状，厚径比较大。随着球磨时间的增加，氧化铝的厚径比减小，二维程度增加，并逐渐向六方转变；球磨 4h 时，出现明显的六边形片状的 α-Al_2O_3，结晶度不高，且没有转化完全；当球磨达到 6h 时，出现大量形貌规整的六边形片状的 α-Al_2O_3，颗粒尺寸比球磨 4h 的增大，且结晶度较好。由此可知，随着球磨时间的增加，氧化铝的形貌由多维向二维转变，转变过程中其厚度逐渐变薄。

　　球磨时间影响着 γ-Al_2O_3 与 AlF_3 混合均匀程度，随球磨时间的延长，γ - Al_2O_3 与 AlF_3 混合均匀程度提高，产物将向六边形片状结构转变。

　　吴义权等[28~30] 研究了 AlF_3 和 ZnF_2 对 γ-Al_2O_3 向 α-Al_2O_3 相转变过程的影响，发现添加 AlF_3 和 ZnF_2 使 γ-Al_2O_3 相转变为 α-Al_2O_3 相温度不同，前者需要在 920℃ 下转变，后者需要在 900℃ 下转变（见图 6 - 12），同时形成的氧化铝形貌也不相同，前者形成了分散性较好的片状氧化铝尺寸在 40nm 左右，后者呈近球形，尺寸在 22nm 左右（见图 6 - 13）。

　　ZnF_2 和 AlF_3 可以提高过渡型氧化铝向 α 型氧化铝相变动力学，降低相变温度，因为相变过程中，Al_2O_3 与 ZnF_2、AlF_3 可形成中间化合物 AlOF，而 AlOF 可以加速过渡型氧化铝向 α 型氧化铝成核和生长过程的物质扩散和传输。添加剂 ZnF_2 和 AlF_3 对氧化铝相变温度的不同影响则可能是由于相同条件下 AlOF 的生成焓不同造成。此外，添加剂 ZnF_2 造成晶粒尺寸较大，形貌呈片状的原因是由于少量 Zn^{2+} 固溶在 Al_2O_3 晶粒中，影响了氧离子的迁移速率，并造成氧化铝各晶面

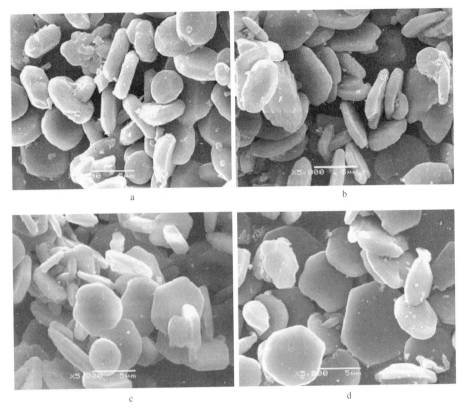

图 6 – 11 不同球磨时间对氧化铝微观形貌的影响
a—2h；b—3h；c—4h；d—6h

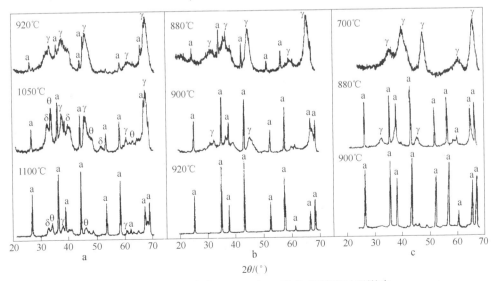

图 6 – 12 添加剂对 γ-Al$_2$O$_3$ 向 α-Al$_2$O$_3$ 相转变过程影响
a—无添加剂；b—添加 AlF$_3$；c—添加 ZnF$_2$

图 6 - 13　α-Al$_2$O$_3$ 的 TEM 图片

a—添加 ZnF$_2$；b—添加 AlF$_3$

生长能不同，从而加速了氧化铝晶面的异向生长。

参 考 文 献

[1]　张美鸽. 高纯氧化铝制备技术的进展 [J]. 功能材料, 1993, 24 (2): 187.

[2]　林元华, 张中太, 黄传勇, 等. 前驱体热解法制备高纯超细 α-Al$_2$O$_3$ 粉体 [J]. 硅酸盐学报, 2000, 28 (3): 268.

[3]　Igor Levin, David Brandon. Metastable alumina polymorphs: crystal structures and transition sequences [J]. J. Am. Ceram. Soc. , 1998, 81 (8): 1995~2012.

[4]　许珂敬, 杨新春, 田贵山, 等. 采用引入晶种的水热合成法制备 α-Al$_2$O$_3$ 纳米粉 [J]. 硅酸盐学报, 2001, 29 (6): 576~579.

[5]　张云浩, 李志宏, 朱玉梅. 烧结添加剂和晶种对新型陶瓷刚玉磨料烧结的影响 [J]. 金刚石与磨料磨具工程, 2006, 155 (5): 74~76.

[6]　宋振亚. Al$_2$O$_3$ 超微粉体的制备、改性及其 α 相变控制的研究 [D]. 合肥: 合肥工业大学, 2004: 7~10.

[7]　谢志鹏. 晶种诱导长柱状晶生长规律与高韧性氧化铝陶瓷材料 [J]. 中国科学 (E). 2003, 33 (1): 11~18.

[8]　易中周, 肖冰, 杨为佑. 晶种对氢氧化铝转相和热压烧结氧化铝晶形变化的影响 [J]. 无机材料学报, 2004, 19 (6): 1287~1292.

[9]　崔香枝, 贾晓林, 钟香崇. 低温制备 α-Al$_2$O$_3$ 纳米粉 [J]. 中国陶瓷, 2006, 42 (2): 21~24.

[10]　李凤生, 刘宏英, 刘雪东, 等. 微纳米粉体制备与改性设备 [M]. 北京: 国防工业出版社, 2004.

[11]　王细凤, 罗昔贤, 温嘉琪, 等. 晶种的加入对异丙醇铝水解制备 α-Al$_2$O$_3$ 的影响 [J]. 中国陶瓷, 2006, 42 (2): 25~27.

[12]　李继光, 孙旭东, 赵志江, 等. 籽晶对碳酸铝铵热分解相变及 Al$_2$O$_3$ 纳米粉烧结活性的

影响［J］. 金属学报，1999，35（10）：1099～1102.

［13］胡赓祥. 材料科学基础［M］. 上海：上海交通大学出版社，2000：205～210.

［14］陶杰. 材料科学基础［M］. 北京：化学工业出版社，2006：286～295.

［15］Dynys F W, Halloran J W. Alpha alumina formation in alumderived gamma alumina［J］. J Am Ceram Soc. , 1982, 659：442～448.

［16］刘东亮，金永中，陈敏. 纳米 Al_2O_3 粉末的化学合成［J］. 材料导报，2005，19V：131～134.

［17］杨晔. 纳米 $\alpha\text{-}Al_2O_3$ 粉体的制备及其在水性体系中的分散［D］. 合肥：合肥工业大学，2002：13～14.

［18］Pei Chengyu, Fu Suyan, Tian Chunlin. θ – Crystallite growth restraint induced by the presence of α-crystallites in a nano – sized alumina powder system［J］. Journal of Crystal Growth, 2004, 265（1）：137～148.

［19］陈锋，张宝砚，毕诗文，等. 添加剂对铝酸钠溶液晶种分解产生 $Al(OH)_3$ 和 Al_2O_3 的影响［J］. 中国有色金属学报，2005，15（12）：2054～2059.

［20］Bodaghia M, Mirhabibib A R , Zolfonunc H, et al. Investigation of phase transition of γ – alumina to α-alumina via mechanical milling method［J］. Phase Transitions, 2008, 81（6）：571～580.

［21］Kostic' E, Kiss S, Boskovic' S, et al. Mechanical activation of the gamma to alpha transition in Al_2O_3［J］. Powder Technol. 1997, 91：49～54.

［22］Zielin' ski P A, Schulz R, Kaliaguine S, et al. Structural transformations of alumina by high energy ball-milling［J］. J. Mater. Res. 1993, 8：2985～2992.

［23］Tonejc A, Stubicar M, Tonejc A M, et al. Transformation of γ – AlOOH（boehmite）and $Al(OH)_3$（gibbsite）to $\alpha\text{-}Al_2O_3$（Corundum）induced by high – energy ball-milling［J］. J. Mater. Sci. Lett. , 1994, 13：519～520.

［24］Panchula M L, Ying J Y. Mechanical synthesis of nanocrystalline $\alpha\text{-}Al_2O_3$ seeds for enhanced transformation［J］. Nanostructured Materials, 1997, 9：161～164.

［25］Zhan G D , Kuntz J, Wan J, et al. Mukherjee, A novel processing route to develop a dense nanocrystalline alumina matrix（<100nm）nanocomposite material［J］. J. Am. Ceram. Soc. , 2003, 86：200～202.

［26］Jiang J Z, Morup S, Linderoth S. Formation of 25mol% Fe_2O_3 – Al_2O_3 solid solution by high-energy ball milling［J］. Mater. Sci. Forum, 1996, 225～227：489～496.

［27］Xue L A, Chen I W. Influence of additives on the γ-to-α transformation of alumina［J］. Journal of Materials Science Letters, 1992, 11：443～445.

［28］吴义权，张玉峰，黄校先，等. 低温制备纳米 $\alpha\text{-}Al_2O_3$ 粉体［J］. 无机材料学报，2001，16（2）：349～352.

［29］Yiquan Wu, Yufeng Zhang , Giuseppe Pezzotti , et al. Influence of AlF_3 and ZnF_2 on the phase transformation of gamma to alpha alumina［J］. Materials Letters, 2002, 52：366～369.

［30］Yiquan Wu, Yufeng Zhang , Xiao xian Huang , et al. Preparation of platelike nano alpha alumina particles［J］. Ceramica International, 2001, 27：265～268.

附　　录

龙格库塔法计算各物种浓度的 C 语言程序:

```c
#include <stdio.h>
#include <math.h>
#include "string.h"
#include <stdlib.h>
main()
{int x,y,z,n,i=0,j=0,k=0,s=1;double ct[7][7]={0},K[4][28];double
f[28]={0},Ff[28],t[5];double a,b,c,d,e,kH,kCa,kCw,h,m;

double re[3000][34]={0};

FILE *fp;char filename[60];
printf("输入数据文件名:");
scanf("%s",filename);
strcat(filename,".xls");
fp=fopen(filename,"r");

fscanf(fp,"%*[^\n]%*c%lf\t%lf\t%lf\t%lf\t%lf\t%lf\t%lf\t%d\t",&re[0][1],&re
[0][6],&kH,&kCa,&kCw,&h,&m,&n);
re[0][3]=3*re[0][6];ct[0][0]=re[0][6];

for(z=0;z<=6;z++)
    {for(x=6;x>=0;x--)
        {if(6-x-z>=0)
            {y=6-x-z;f[i]=ct[y][z];printf("[%d,%d,%d]=f[%d]=%f\t",x,
y,z,i,f[i]);i++;
                }
            }
        printf("\n");
        }

printf("[H2O]=%f\n",re[0][1]);
printf("[AlOR]=%f\n",re[0][3]);
printf("kH=%f\n",kH);
```

```
printf("kCa = % f\n",kCa);
printf("kCw = % f\n",kCw);
printf("步长 h = % f\n",h);
printf("输出数据时间间隔(s):% f\n",m);
printf("输出数据个数:% d\n",n);


a = re[0][1];b = re[0][2];c = re[0][3];d = re[0][4];e = re[0][5];


for(j = 1;j < = n;j + +)
{for(k = 0;k < m/h;k + +)
  {
          {
      {i = 0;
       for(z = 0;z < = 6;z + +)
          {for(x = 6;x > = 0;x − −)
              {if(6 − x − z > = 0)
                  {y = 6 − x − z;
                   if(y − 1 < 0)
                        ct[y − 1][z] = 0;
                   if(y + 1 > 6)
                        ct[y + 1][z − 1] = 0;
                   if(z − 1 < 0)
                        {ct[y][z − 1] = 0;ct[y + 1][z − 1] = 0;}
```

$Ff[i] = kH*((x+1)*ct[y-1][z] - x*ct[y][z])*a + kCw*((y+1)*ct[y+1][z-1] - y*ct[y][z])*b + kCa/2*(((x+1)*ct[y][z-1] - x*ct[y][z])*b + ((y+1)*ct[y+1][z-1] - y*ct[y][z])*c);i + +;$

```
                      }
                    }
                  }
                }
              for(i = 0;i < 28;i + +)
                  K[0][i] = Ff[i];


              {i = 0;
              for(z = 0;z < = 6;z + +)
                  {for(x = 6;x > = 0;x − −)
                      {if(6 − x − z > = 0)
                          {y = 6 − x − z;ct[y][z] = f[i] + h*K[0][i]/2;i + +;
```

```
                  }
                }
              }
            }
          {i = 0;
          for(z = 0;z < =6;z + + )
            {for( x = 6;x > =0;x - - )
              {if(6 - x - z > =0)
                {y = 6 - x - z;
                if(y - 1 <0)
                  ct[ y - 1 ][ z ] =0;
                if(y + 1 >6)
                  ct[ y + 1 ][ z - 1 ] =0;
                if(z - 1 <0)
                  {ct[ y ][ z - 1 ] =0;ct[ y + 1 ][ z - 1 ] =0;}
```

K[1][i] = kH * ((x + 1) * ct[y - 1][z] - x * ct[y][z]) * a + kCw * ((y + 1) * ct[y + 1][z - 1] - y * ct[y][z]) * b + kCa/2 * (((x + 1) * ct[y][z - 1] - x * ct[y][z]) * b + ((y + 1) * ct[y + 1][z - 1] - y * ct[y][z]) * c) ;i + + ;

```
                }
              }
            }
          }
          {i = 0;
          for(z = 0;z < =6;z + + )
            {for( x = 6;x > =0;x - - )
              {if(6 - x - z > =0)
                {y = 6 - x - z;ct[ y ][ z ] = f[ i ] + h * K[ 1 ][ i ]/2 ;i + + ;
                }
              }
            }
          }
          {i = 0;
          for(z = 0;z < =6;z + + )
            {for( x = 6;x > =0;x - - )
              {if(6 - x - z > =0)
                {y = 6 - x - z;
                if(y - 1 <0)
```

```
                    ct[y-1][z] =0;
                if(y+1>6)
                    ct[y+1][z-1] =0;
                if(z-1<0)
                    {ct[y][z-1] =0;ct[y+1][z-1] =0;}
```

$K[2][i] = kH * ((x+1)*ct[y-1][z] - x*ct[y][z])*a + kCw*((y+1)*ct[y+1][z-1] - y*ct[y][z])*b + kCa/2*(((x+1)*ct[y][z-1] - x*ct[y][z])*b + ((y+1)*ct[y+1][z-1] - y*ct[y][z])*c);i++;$

```
                    }
                }
            }
        }
```

```
        {i=0;
        for(z=0;z<=6;z++)
            {for(x=6;x>=0;x--)
                {if(6-x-z>=0)
                    {y=6-x-z;ct[y][z] =f[i] +h*K[2][i];i++;
                    }
                }
            }
        }
```

```
        {i=0;
        for(z=0;z<=6;z++)
            {for(x=6;x>=0;x--)
                {if(6-x-z>=0)
                    {y=6-x-z;
                    if(y-1<0)
                        ct[y-1][z] =0;
                    if(y+1>6)
                        ct[y+1][z-1] =0;
                    if(z-1<0)
                        {ct[y][z-1] =0;ct[y+1][z-1] =0;}
```

$K[3][i] = kH * ((x+1)*ct[y-1][z] - x*ct[y][z])*a + kCw*((y+1)*ct[y+1][z-1] - y*ct[y][z])*b + kCa/2*(((x+1)*ct[y][z-1] - x*ct[y][z])*b + ((y+1)*ct[y+1][z-1] - y*ct[y][z])*c);i++;$

```
                    }
```

```
              }
           }
        }
for( i = 0; i < 28; i + + )
    f[ i ] + = h * ( K[ 0 ][ i ] + K[ 1 ][ i ] + K[ 2 ][ i ] + K[ 3 ][ i ] )/6;

    { i = 0;
    for( z = 0; z < = 6; z + + )
        { for( x = 6; x > = 0; x − − )
            { if( 6 − x − z > = 0 )
                { y = 6 − x − z;
                if( f[ i ] < = 0 )
                    f[ i ] = 0;
                ct[ y ][ z ] = f[ i ]; i + + ;
                }
            }
        }
    }
}


{ t[ 0 ] = a; t[ 1 ] = b; t[ 2 ] = c; t[ 3 ] = d; t[ 4 ] = e;
K[ 0 ][ 0 ] = − kH * c * a + kCw * b * b/2;
K[ 0 ][ 1 ] = kH * c * a − kCw * b * b − kCa * b * c/2;
K[ 0 ][ 2 ] = − kH * c * a − kCa * b * c/2;
K[ 0 ][ 3 ] = − K[ 0 ][ 2 ];
K[ 0 ][ 4 ] = K[ 0 ][ 3 ] − K[ 0 ][ 1 ];
a + = h * K[ 0 ][ 0 ]/2; b + = h * K[ 0 ][ 1 ]/2; c + = h * K[ 0 ][ 2 ]/2;
K[ 1 ][ 0 ] = − kH * c * a + kCw * b * b/2;
K[ 1 ][ 1 ] = kH * c * a − kCw * b * b − kCa * b * c/2;
K[ 1 ][ 2 ] = − kH * c * a − kCa * b * c/2;
K[ 1 ][ 3 ] = − K[ 1 ][ 2 ];
K[ 1 ][ 4 ] = K[ 1 ][ 3 ] − K[ 1 ][ 1 ];
a + = h * K[ 1 ][ 0 ]/2; b + = h * K[ 1 ][ 1 ]/2; c + = h * K[ 1 ][ 2 ]/2;
K[ 2 ][ 0 ] = − kH * c * a + kCw * b * b/2;
K[ 2 ][ 1 ] = kH * c * a − kCw * b * b − kCa * b * c/2;
K[ 2 ][ 2 ] = − kH * c * a − kCa * b * c/2;
K[ 2 ][ 3 ] = − K[ 2 ][ 2 ];
K[ 2 ][ 4 ] = K[ 2 ][ 3 ] − K[ 2 ][ 1 ];
a + = h * K[ 2 ][ 0 ]; b + = h * K[ 2 ][ 1 ]; c + = h * K[ 2 ][ 2 ];
```

```
            K[3][0] = - kH * c * a + kCw * b * b/2;
            K[3][1] = kH * c * a - kCw * b * b - kCa * b * c/2;
            K[3][2] = - kH * c * a - kCa * b * c/2;
            K[3][3] = - K[3][2];
            K[3][4] = K[3][3] - K[3][1];
            for(i = 0;i < 5;i + +)
                {t[i] + = h * (K[0][i] + K[1][i] + K[2][i] + K[3][i])/6;
                 if(t[i] < = 0)
                       t[i] = 0;
                }
            a = t[0];b = t[1];c = t[2];d = t[3];e = t[4];
            }
        }
      re[j][0] = s * m;s + +;
      for(i = 1;i < = 5;i + +)
            re[j][i] = t[i - 1];
      for(i = 6;i < 34;i + +)
            re[j][i] = f[i - 6]/re[0][6];
      }



    FILE * fp1; / * 定义文件指针 * /
    fp1 = fopen("test. xls", "w"); / * 建立一个文字文件只写 * /
    fputs("t\t[H2O]\t[AlOH]\t[AlOR]\t[ROH]\t[AlO - Al]\t[600]\t[510]\t[420]\t
[330]\t[240]\t[150]\t[060]\t[501]\t[411]\t[321]\t[231]\t[141]\t[051]\t[402]\t[312]\
t[222]\t[132]\t[042]\t[303]\t[213]\t[123]\t[033]\t[204]\t[114]\t[024]\t[105]\t[015]
\t[006]\t\n", fp1);/ * 向所建文件写入一串字符 * /

    for(j = 0;j < = n;j + +)
        {for(i = 0;i < 34;i + +)
            fprintf(fp1,"% f\t",re[j][i]);
        fprintf(fp1," \n");
        }
    fclose(fp1);

    getchar();
    getchar();
    return 0;
    }
```

冶金工业出版社部分图书推荐

书 名	作 者	定价(元)
当代铝熔体处理技术	柯东杰　王祝堂　编著	69.00
现代铝电解	刘业翔　李 劼　等编著	148.00
金属硅化物	易丹青　刘会群　王 斌 著	99.00
当代铝箔生产工艺及装备	辛达夫　编著	48.00
人造金刚石工具手册	宋月清　刘一波　主编	260.00
粉末冶金手册(上册)	韩凤麟　主编	248.00
粉末冶金手册(下册)	韩凤麟　主编	268.00
粉末冶金学	王盘鑫　主编	20.00
粉末冶金原理(第2版)	黄培云　主编	44.50
粉末冶金原理与工艺	曲选辉　主编	42.00
粉末增塑近净成形技术及致密化基础理论	范景莲　著	66.00
硬质合金生产原理和质量控制	周书助　编著	39.00
氧化铝生产工艺	王 捷 编	28.00
重有色金属冶金	宋兴诚　主编	43.00
镀锌无铬钝化技术	张英杰　董 鹏 著	46.00
金属学(第2版)	宋维锡　主编	44.90
金属材料与成形工艺基础	李庆峰　主编	30.00
快速凝固粉末铝合金	陈振华　陈 鼎 编著	89.00
金属压力加工概论(第3版)	李生智　李隆旭　主编	32.00
特殊金属材料及其加工技术	李静缓　赵艳君　任学平　编著	36.00
特种冶炼与金属功能材料	崔雅茹　王 超 编	20.00